Pascual Jordan

Schöpfung und Geheimnis

Pascual Jordan

Schöpfung und Geheimnis

Stalling

C. Francke

2. Auflage 1971

Einbandentwurf von Thomas Bonnie
Gesamtherstellung Clausen & Bosse, Leck/Schleswig
Gesetzt aus der Linotype-Garamond · Printed in Germany
ISBN 3 7979 1928 X

Meiner Frau gewidmet

Inhaltsverzeichnis

Vorwort
9

1. Kapitel
Von Morgen bis Übermorgen
19

2. Kapitel
Kybernetik und Naturerkenntnis
49

3. Kapitel
Die Zahl $\Omega_0 = 2^{10\,000}$
75

4. Kapitel
Die Rolle des organischen Lebens im Kosmos
95

5. Kapitel
Glaube und Ideologie
135

6. Kapitel
Der Begriff des Wunders und das Naturgesetz
153

7. Kapitel
Die Stufen menschlicher Naturerkenntnis
183

8. Kapitel
Erkenntnis und Ehrfucht
195

Register
220

Vorwort

Das vorliegende Buch steht im Verhältnis wechselseitiger Ergänzung zu einem früheren Buche des Verfassers.* Beide Werke sind jedoch in sich abgeschlossen und unabhängig voneinander verständlich.

Das Grundthema beider Bücher kann vielleicht am besten bezeichnet werden durch einen Hinweis auf den bedeutenden FRIEDRICH DESSAUER (1881–1963), der zugleich ein bahnbrechender Natur- und Medizinforscher *und* ein gläubiger Katholik war.

Als Naturforscher hat er sich vor allem mit der damals noch so neuartigen Erscheinung der Röntgenstrahlen beschäftigt. Er erkannte die Möglichkeiten, aus der Untersuchung der biologischen Wirkungen von Röntgenstrahlen tiefe Einblicke in das Wesen jener erstaunlichen Naturerscheinung zu gewinnen, die wir das organische Leben nennen. Seine Forschungserfolge in dieser Richtung wären ausreichend gewesen, ihn unter die geschichtlich denkwürdigen Naturwissenschaftler einzureihen. Aber die Hauptstoßrichtung seiner Arbeit galt der Nutzbarmachung der Röntgenstrahlen für die Medizin: Es gehörte beispielsweise zu den auffallendsten Erfolgen seiner Arbeit, daß er auf einem Kongreß einen Film vorführen konnte, der ein menschliches Herz – durch Röntgenaufnahme sichtbar gemacht – in seinem lebendigen Schlagen zeigte. Zahlreiche andere Ergebnisse seiner Untersuchungen waren zwar weniger verblüffend und staunenswertüberwältigend, aber doch unentbehrliche Beiträge dazu, daß die Röntgenstrahlen innerhalb so kurzer Zeit zu einer der in der heutigen Medizin gebräuchlichsten und nützlichsten Arbeitshilfen werden konnten.

Als er seine durch Jahrzehnte fortgesetzten Untersuchungen begann, war die Gefährlichkeit starker und langer Röntgenbestrahlung für den menschlichen Körper noch unbekannt – so arbeitete er ohne alle jene Schutzmittel, die heute für den Arzt und jeden seiner Helfer auch dann selbstverständlich sind, wenn er

---

* »Der Naturwissenschaftler vor der religiösen Frage«, Stalling Verlag, Oldenburg, 5. Auflage 1969.

nur gelegentlich und kurzzeitig mit Röntgenstrahlen zu tun hat. Erst nach längerer Zeit zeigten sich die schweren gesundheitlichen Schäden, die DESSAUER sich auf diese Weise zugezogen hatte, und die dann immer neue Operationen zur Behebung wenigstens der schlimmsten Wirkungen nötig machten. Wenn ich mich richtig erinnere, hatte er sich in seinem späteren Lebensabschnitt annähernd hundertmal einer Operation zu unterziehen. So gehörte er zu denjenigen Wohltätern der Menschheit – wie riesig ist die Zahl der Kranken und Gesunden, denen auf der Grundlage seiner Untersuchungsergebnisse geholfen werden konnte! –, die die ausgesäten Wohltaten nicht nur durch höchste Anstrengung und Leistung, sondern auch durch schwere persönliche Leiden bezahlt haben. Sein im Alter von zahlreichen Operationsnarben entstelltes Gesicht ließ in ihm auch äußerlich den *außergewöhnlichen* Menschen erkennen.

Schon die Wahl seiner persönlichen Fachrichtung *zwischen* Physik, Medizin, Biologie weist ihn als einen Menschen von erstaunlicher Weite des Horizonts aus – sehr verschieden von so vielen, die in einer strengen Spezialisierung die einzig richtige Grundlage ihres Schaffens gefunden haben. Aber darüber hinaus fesselten ihn auch die grundsätzlichen Fragen europäischen Geisteslebens; und in einer dem großen GALILEI geltenden Schrift* hat er seine Überzeugung mutig vorgetragen, daß dessen Verurteilung durch die römische Inquisition ein schweres Unheil für Europa gewesen sei. Die moderne Geschichtsschreibung beurteilt das Zustandekommen des Konfliktes GALILEIS mit der Kirche anders, als die uns seit der Aufklärungszeit eingehämmerten Legenden. Zweifellos war es einem gewissen euphorischen Übermut GALILEIS – und seinem beharrlichen Drängen, daß die Kirche sich zur *ausdrücklichen* Anerkennung der Lehre des KOPERNIKUS entschließen sollte – zuzuschreiben, daß der Konflikt unnötigerweise unvermeidbar gemacht wurde, obwohl dem berühmten Forscher die höchsten Instanzen und Persönlichkeiten der Kirche ho-

---

* »Der Fall Galilei und wir« (1943, [4]1957).

he Bewunderung, tiefes Wohlwollen und Möglichkeiten der Verständigung entgegenbrachten. Auch ist ihm nach der Verurteilung noch immer schonendstes Entgegenkommen gezeigt worden, nachdem er der Lehre des Kopernikus – die gerade infolge seines ungeduldigen Drängens zur theologischen Verurteilung gekommen war, abgeschworen hatte. (Erst nach seinem Tode wurde er jahrzehntelang vorwiegend als *der Verurteilte* betrachtet.) Aber von der Nachwelt ist er bis nahe an unsere Zeit heran als Märtyrer der wissenschaftlichen Wahrheit im Kampfe gegen angebliche geistige Unterdrückung angesehen worden.

Unabhängig von der Schuldfrage in diesem Konflikt bleibt Dessauers Feststellung gültig: diese Verurteilung habe wesentlich dazu beigetragen, daß sich seitdem das Verhältnis von Kirche und Naturforschung zu einem Verhältnis des Gegensatzes und der Feindschaft entwickelt hat. Abendländische Naturforschung war schon vom 14. Jahrhundert an zu beginnender Entwicklung gekommen. Die Zahl der im Altertum bekannt gewesenen Pflanzenarten beispielsweise – etwa 600 – war zu Galileis Lebzeiten schon auf das Zehnfache angewachsen. Auch in anderen Gebieten des Naturwissens waren Entwicklungen eingeleitet, denen es zu verdanken ist, daß Galileis mächtige, vielseitige Anregungen dann bald zu einem umfassenden Aufblühen führen konnten. Aber die Naturforschung *vor* Galilei – insbesondere auch ihre größten Vertreter, wie Kopernikus, Tycho de Brahe, Kepler – waren ohne Konflikt mit der Kirche ausgekommen: Vielfach waren sie (wie beispielsweise Kopernikus) selbst Theologen gewesen. *Nach* der Verurteilung Galileis jedoch ergab sich ein Auszug der Naturwissenschaften aus der Kirche – eine Trennung, die zu wachsender Entfremdung und Verfeindung führte. Dessauer hat die schwerwiegende These ausgesprochen, daß *diese* Trennung für die abendländische Kulturentwicklung noch verhängnisvoller geworden sei, als die konfessionelle Spaltung und Zerrissenheit, die sich seit der Reformation ergeben hat – mit ihren fürchterlichen Folgen etwa in Gestalt des dreißigjährigen Krieges.

Mit einem Jahrhunderte überbrückenden Sprung wollen wir

– ohne die mahnende Erkenntnis DESSAUERS zu vergessen – den geistigen Zustand Europas gegen Ende des vorigen Jahrhunderts betrachten. Die Gegensätzlichkeit religiöser Weltbetrachtung einerseits und naturwissenschaftlicher andererseits hat nicht mehr überbietbare Formen angenommen; gleichzeitig ist auch die Gegensätzlichkeit und wechselseitige Anfeindung der christlichen Konfessionen trotz vieler Einigungswünsche fast von ähnlicher Heftigkeit, wie noch heute (1970) in Irland. Millionen von Menschen haben nur noch eine höchstens konventionelle Beziehung zur Kirche, und sind auf eine »naturwissenschaftliche Weltanschauung« eingeschworen, die zwar nicht in allen Fällen die plumpen Formen eines HAECKELschen »Monismus« übernimmt, aber gerade unter geistig Anspruchsvolleren eine über die kämpferische Antireligiosität der »Freidenker« noch hinausgehende Entschiedenheit angenommen hat, die sich darin darstellt, daß man die Überwindung und Beiseitelegung der Religion als eine keiner Betonung mehr bedürftige Selbstverständlichkeit empfindet.

Diese »Weltanschauung« hatte zwei große tragende Säulen: den vor allem vom alten LAMETTRIE begründeten Glauben an eine lückenlose, uhrwerkmäßige Zwangsläufigkeit allen Naturgeschehens, einschließlich des menschlichen Lebens; und den durch GIORDANO BRUNO begründeten Glauben an die Ewigkeit und ewige Unveränderlichkeit des ungeschaffenen Weltalls – dieser zweite Glaubensartikel des Unglaubens schloß den von VOLTAIRE vertretenen Kompromiß des »Deismus« aus, der das Weltall zwar als Uhrwerk ansah, aber einen »Uhrmacher« des Weltalls entgegenkommender Weise zuließ.

Diesem gegen Ende des vorigen Jahrhunderts als unerschütterlich angesehenen Bilde der Gesamtwirklichkeit wurde in meinem erwähnten früheren Buch das neu erworbene Wissen unseres eigenen Jahrhunderts gegenüber gestellt. Die zwei tragenden Säulen, die tragenden Dogmen der auf die Naturwissenschaft älterer Zeit gestützten »Weltanschauung«, sind heute nicht etwa nur zweifelhaft geworden, sondern sie sind endgültig als Irrtümer erkannt worden – das ist der Beitrag der modernen Naturforschung zu den Weltanschauungsfragen von heute. Nicht nur die seit mehr als zwei Jahrtausenden philosophisch vermuteten Atome, winzige Bausteine der Materie, sind entgegen den am Jahrhundertanfang noch vorgebrachten kritischen Zweifeln als real nachgewiesen worden. Sondern als ebenso real haben sich die PLANCKschen Quantensprünge erwiesen – denen gegenüber die Atomistik der Materie nur die Bedeutung einer *Folgerung* hat. Und als ebenso real erwies sich die Existenz mikrophysikalischer Akausalität – die nur statistische Gesetzlichkeit der Quantensprünge –, welche sich auf dem Planeten Erde zur Spontaneität organischen Lebens und menschlichen Lebens entfaltet hat.

Dies habe ich mit meinem früheren Buche zu erläutern versucht. Es handelte sich dabei also um die schlichte Darstellung und Erläuterung naturwissenschaftlicher Sachfragen: Wieso ist das naturwissenschaftliche Gesamtbild des vorigen Jahrhunderts widerlegt, und was ist an seine Stelle getreten? Diese Erläuterung erforderte um so mehr eine gewisse Gründlichkeit, als dabei auch das oft anzutreffende Mißverständnis ausgeschlossen werden mußte, der Widerlegung des Naturbildes der Zeit vor 1900 könnte vielleicht später einmal eine ähnliche Widerlegung der *heutigen* Erkenntnisse in irgendeiner *Zukunft* folgen, und dadurch eine *Rückkehr* zu deterministischer Physik oder zur Unendlichkeit kosmischer Vergangenheit. Um solchem Irrtum vorzubeugen, war es nötig, deutlich zu zeigen, daß die *neue*, die *heutige* Naturwissenschaft keinen einzigen *Verzicht* auf ältere, früher erarbeitete Ergebnisse vollzogen hat – sondern diese bilden gerade die Unterlage, auf der das höhere Stockwerk der neuen Erkenntnisse aufgebaut ist. Was *ausgestrichen* werden mußte, waren gewisse falsche *Verabsolutierungen* – verfehlte Versuche, aus den in der älteren, vor 1900 entstandenen Physik allgemein erfüllt gewesenen (und in *ihrem* Tatsachenbereich weiterhin *unangefochten* bleibenden) Gesetzen ableiten zu wollen, auch in den oberen, neuen Stockwerken des Erkenntnisgebäudes der Physik müßten gewisse Gesetze *uneingeschränkt* gültig bleiben, die in den *unteren* Stockwerken als zutreffend erwiesen worden sind.

In analoger Weise wird später auf dem Stockwerk der Physik des XX. Jahrhunderts ein nochmals höheres Stockwerk aufgesetzt werden – dessen Errichtung aber bedeuten wird, daß wir uns *noch weiter* von der Enge der unteren Stockwerke entfernen – nicht etwa umgekehrt durch Wiederabreißen des jetzt neuen, obersten Stockwerk in ältere, untere zurückkehren. Wir haben also in unserem Jahrhundert erkannt, daß die Verabsolutierung, die man vor 1900 den Grundbegriffen und Grundgesetzen älterer Physik zu geben pflegte, falsch war; der Verzicht auf diese unrichtige Verabsolutierung bedeutet keineswegs, daß wir nachträglich *irgendeine* echte Erkenntnis, die von den Physikern vor 1900 erreicht und bewiesen worden war, *widerrufen* hätten.

Während sich also einem ausgesprochenen Spezialisten die Physik von 1890 ausschließlich in *dem* Sinne von der Physik von 1930 unterschied, daß man im Laufe von 40 Jahren Neues hinzu gelernt hatte, was 1890 noch unbekannt war, war eine tiefgreifende Verwandlung festzustellen für einen solchen Betrachter der Physik, dem die *Einzelheiten* weniger wichtig sind, den aber die allgemeinen, grundsätzlichen Vorstellungen und Denkweisen der Naturforscher zum Betrachten anziehen – *für ihn* sind tatsächlich die alten Vorstellungen in revolutionärer Entschlossenheit »über Bord geworfen«, und neue, andere, an ihre Stelle gesetzt.

In Wirklichkeit gibt es natürlich gar nicht den *ausschließlichen* Spezialisten, der ganz davon absehen würde, die von ihm lernend oder mitschaffend aufgenommenen Grundvorstellungen *zugleich* in sein Bewußtsein und auch irgendwie in sein Herz aufzunehmen. Es ist deshalb im späteren Rückblick auch keineswegs erstaunlich, daß – da Herzen durchaus nicht immer *reine* Herzen sind – beispielsweise die durch EINSTEINS Relativitätstheorie bewirkte »Revolution« der Physik in einem gewissen Zeitabschnitt nicht nur mit sachlicher Heftigkeit, sondern auch mit einer gewissen Art von pathologischem, politischem Haß angegriffen wurde.

Da es in jenem anderen Buche meine Zielsetzung war, die seit 1900 eingetretene Veränderung der naturwissenschaftlichen Grundvorstellungen zu erläutern, habe ich die objektive Zwangsläufigkeit dieser Veränderung zu unterstreichen gesucht durch eine Darstellungsform, in der die Sprache der Naturforschung selbst gesprochen wird, ohne Beeinflussung durch mögliche Verschiedenheiten weltanschaulicher Bewertung. Nur im Nachwort jenes Buches kommt zum Ausdruck, daß ich nicht zu denjenigen gehöre, die die Umgestaltung der naturwissenschaftlichen Denkweisen im XX. Jahrhundert mit Widerstreben oder Erschrecken erlebt haben. Vielmehr habe ich diese durch den Sturz der Grunddogmen materialistischer Weltdeutung vollzogene Umgestaltung als etwas Beglückendes, Befreiendes erlebt, und zwar im Zusammenhang der schlichten Tatsache, daß ich getaufter Christ bin und dies auch heute noch ernst nehme.

Freilich ist – das habe ich damals betont – mit der Widerlegung der alten Grundhypothesen einer antireligiösen Weltanschauung genau nur (nicht etwa *mehr*, als) eine *doppelte Verneinung* erreicht, in welcher die vom altertümlichen Materialismus ausgesprochene Verneinung der Religion ihrerseits verneint wird. Das bedeutet also keineswegs, daß auch eine *Bejahung* oder beweiskräftige Begründung religiösen Denkens und religiöser Aussagen aus den neuen Erkenntnissen der Naturforschung zu entnehmen oder zu folgern sei. Es handelt sich vielmehr darum, daß uns jetzt die *Freiheit* gegeben ist, uns weltanschaulich zu entscheiden, wie wir uns aus *anderweitigen* Gründen entscheiden mögen. Die heutige Naturwissenschaft unterscheidet sich von der gestrigen dadurch, daß sie uns keine weltanschauliche Entscheidung *vorschreibt*. In dieser Hinsicht ist auch meine heutige Einstellung die gleiche, wie damals.

Wohl aber scheint mir in einer *anderen* Richtung eine Fortsetzung der früheren Untersuchung unentbehrlich; und zu dieser Fortsetzung möchte das vorliegende neue Buch einen Beitrag leisten.

Die aus den beiden Grunddogmen der veralteten Naturvorstellung abgeleitete Verneinung des Religiösen bezog sich auf *jede Form von Religion*, einerlei, um welche Konfession es sich handelt: christliche, israelitische, islamische, ostasiatische oder eine uns nur aus der Ethnologie bekannte. Es ist wichtig genug, daß diese umfassende Verneinung nun ihrerseits verneint ist. Aber *das Problem Europas,* wie es DESSAUER richtig gesehen hat – nach Umfang und Tiefe unverkürzt –, hat danach noch keineswegs seine Lösung gefunden; es ist nur ein Zeichen dafür gegeben, daß weiteres Suchen nach der Lösung heute beginnt, *möglich zu werden.*

Kann auch von der christlichen Religion mit ihren sie von allen anderen Weltreligionen unterscheidenden Besonderheiten gesagt werden, daß sie mit *modernem* Naturwissen *nicht mehr in Widerspruch steht*?

Dies ist – abweichend von der Fragestellung des früheren Buches nicht mehr eine Frage, die eine umfassende und klare Beantwortung in der Form planmäßiger Untersuchung erlaubt. Man kann nur *Beiträge* dazu versuchen. In diesem Sinne möchten die in diesem Buch zusammengefaßten Betrachtungen verstanden werden.

Für verständnisvolle Förderung meiner Arbeit – in Rat und Tat – danke ich der von meinem verewigten Freunde Wolfgang Essen begründeten Klopstock-Stiftung.

P. JORDAN

Kapitel 1

Von Morgen bis Übermorgen

I

Wenige Jahre vor 1900 hinterließ ein Hamburger Kaufmann ein großes Vermögen und ein umfangreiches Testament. Er wollte seinen Nachkommen für mehrere Generationen gesicherte Lebensverhältnisse schaffen. So enthielt dieses ausführliche, genau durchdachte Testament unter anderem besondere Stiftungen und Unterstützungskassen für Witwen, für Krankheitsfälle, für studierende Söhne und unverheiratet gebliebene Töchter. Der ganze umfangreiche Plan reichte bis zum Jahr 2000. Aber schon nach 1918 wurden durch die Inflation die sicher angelegt geglaubten Stiftungsgelder aufgezehrt.

Dies verdeutlicht das uns so fremd gewordene Lebensgefühl, das unseren Großeltern noch selbstverständlich war. Sie dachten nicht daran, daß ihre Enkel in grundsätzlich anderen Umweltsverhältnissen leben würden, als sie selber. Für uns Heutige hingegen ist es beinahe das einzige, dessen wir sicher sind, daß in dreißig Jahren alles wieder ganz anders sein wird, als heute. Eine fortlaufende Verwandlung aller Weltverhältnisse rollt in raschem Tempo ab; und dieses Tempo nimmt weiter zu. Ich selber, heute in der zweiten Hälfte meiner sechziger Jahre, gehöre gegenüber meiner Umwelt schon zu den Alten. Das bedeutet, daß meine Erinnerungen – an die Lebensweise, an die Wohnungsverhältnisse, an die Möbel und Zimmereinrichtungen mittelständischen Bürgertums in meiner Kindheit – etwas weiter zurückreichen, als diejenigen der meisten meiner möglichen Leser. Ich stamme noch aus der Zeit der häuslichen Petroleumlampen; und meine Großmutter hatte eine Lampe im täglichen Gebrauch, die durch modernisierenden Umbau aus einer ursprünglichen Öllampe in eine Petroleumlampe entstand war. Wir hatten auch schon eine metallene Familienbadewanne, und konnten uns somit sehr fortgeschritten fühlen gegenüber dem alten Kaiser Wilhelm I., der sich wöchentlich einmal aus einem bekannten Berliner Hotel eine hölzerne Badewanne ins Schloß bringen ließ.

Ich habe als Kind oft zugesehen, wie Häuser gebaut wurden:

Die Maurer nahmen dann mit Holzgestellen eine schwere Ladung von Backsteinen auf die Schulter und kletterten die Leitern bis zur jeweils erreichten Höhe des Baues hinauf – und jede Ausschachtung oder sonstige Erdbewegung wurde mit der Schaufel ausgeführt. Ich habe als Kind auch Aufstiege von Freiballons erlebt. Zwei oder drei »beherzte Männer« – so nannte man das damals – stiegen in den kleinen Korb, der unter der großen gasgefüllten Kugel aus Seidenstoff aufgehängt war. So begannen sie eine Reise, deren Ziel sie nicht kannten, da es durch die Launen des Windes bestimmt wurde. Später habe ich in meiner Heimatstadt einen großen Flugtag miterlebt. Mehrere Flieger führten dort ihre selbstgebauten Flugzeuge vor, und den meisten gelang es wirklich, sich richtig vom Boden zu erheben. Einer aber, alle anderen überbietend, brachte es fertig, mit seiner »Taube« mehr als zwanzig Minuten in der Luft zu bleiben. Die Menschenmassen rasten vor Begeisterung, und der kühne Flieger winkte uns von oben herunter zu.

Aber mein Vater erläuterte gelegentlich einem Bekannten unter Benutzung eines kräftigen Wortes, was er mit mir machen würde, wenn ich später einmal auf den Gedanken kommen sollte, ebenfalls fliegen zu wollen.

Bei solchen etwa 60 Jahre zurück führenden Erinnerungs-Bildern kommt es uns vor, als wenn von uralten Zeiten erzählt würde, in denen es fast alles das nicht gab, was uns selbstverständlich geworden ist. Angesichts so vieler heutiger Dinge, die damals noch nicht vorhanden waren, ist es kein Wunder, daß Spaßvögel oft den Erfolg haben, zahlreiche Anfragen zu bekommen, wenn sie in einer New Yorker Zeitung den Rundfunk-Empfänger des Kolumbus oder ein von Julius Cäsar besprochenes Tonband zum Verkauf anbieten.

Am Ende des 19. Jahrhunderts hatten auch jene Berufsgruppen, die selber am Zuwegebringen so rascher Umgestaltung menschlicher Daseinsverhältnisse stark beteiligt waren, keineswegs ein ausgeprägtes Bewußtsein hiervon. Als Max Planck gegen Ende seiner Schulzeit einem Bekannten seines Vaters erklärte, daß er den Wunsch habe, Physik zu studieren, sagte ihm dieser, das sei eine unzweckmäßige Absicht. Denn die Physik sei eine so weitgehend fertige Wissenschaft, daß in diesem Felde nicht mehr viel Neues zu ernten sei. Unsere heutige Empfindung ist ja aber die, daß die aufregendsten Entdeckungen der Physik gerade erst von 1900 an gemacht worden sind. MAX PLANCK selber, der trotz des ihm gegebenen Rates Physiker geworden ist, kam zum Beginn unseres Jahrhunderts auf die Spur der so berühmt gewordenen *Quantensprünge*; und die physikalische Forschung hat das erste Viertel unseres Jahrhunderts weitgehend darauf verwendet, die von PLANCK mit seiner Entdeckung aufgerollten tiefen Probleme zu entfalten und zu lösen. Dazu kam, daß EINSTEIN 1905 die Relativitätstheorie begründete und mit seinen tiefdringenden Gedankengängen die Physik zu einer vorher noch nie erlebten Kühnheit ihres Denkens ermutigte. Im gleichen Jahre 1905 gab EINSTEIN auch der PLANCKschen Entdeckung eine bahnbrechende weitere Vertiefung. Und in einer dritten für die Physik unseres Jahrhunderts wegweisend gewordenen Abhandlung zeigte EINSTEIN ebenfalls 1905 den ersten gangbaren Weg für einen Beweis der *Realität der Atome* – ein solcher Beweis hatte bis dahin noch immer gefehlt, obwohl die Atomvorstellung als philosophische Vermutung schon mehr als zwei Jahrtausende vorher im alten Griechenland erfaßt worden war. Gerade zum Beginn unseres Jahrhunderts geschah auch die erneute Entdeckung der berühmten MENDELschen Vererbungsgesetze – die nach dieser Wiederentdeckung Ausgangspunkt geworden sind für eine mit der Physik vergleichbare ähnlich explosive Fortentwicklung der Biologie.

Die umfassende Veränderung unserer Welt, die sich in den beiden ersten Dritteln dieses Jahrhunderts vollzogen hat und heute in raschem weiteren Fortgang begriffen ist, macht es uns zu einem dringenden Bedürfnis, ein gewisses Maß von Vorausschau, ein gewisses Maß von Prognose der Zukunft zu erreichen. Wir können heute nicht mehr dem Vorbild des anfangs erwähnten Hamburger Kaufmanns folgen und glauben, daß am Ende dieses Jahrhunderts die Welt noch ebenso aussehen würde, wie heute.

Aber gibt es überhaupt Möglichkeiten, zu solchen Prognosen zu kommen? Muß man nicht vielleicht befürchten, daß unsere menschliche Phantasie außerstande sei, sich in die Verhältnisse einer sich in zunehmendem Tempo verwandelnden Zukunft hineinzudenken? Muß man nicht vielleicht damit rechnen, daß kommende Jahrzehnte uns immer neue, gar nicht vorauszuahnende Überraschungen bringen werden, die jeden Versuch der Prognose überrennen und widerlegen werden? Sicherlich werden um das Jahr 2000, wenn (von jetzt an gerechnet) wiederum dreißig Jahre vergangen sein werden, die allgemeinen menschlichen Lebensverhältnisse von unseren heutigen ähnlich weit entfernt sein, wie wir entfernt sind von dem, was etwa vor neunzig Jahren war.

Es ist mir von Menschen, die darüber Bescheid wissen, versichert worden, daß es die Einstellung vieler erfolgreicher Praktiker in wirtschaftlicher und technischer Arbeit sei, *Verzicht* zu leisten auf eine Vorausschau in künftige Jahrzehnte. Viele tätig antreibende Mitwirkende der heute ablaufenden Entwicklungen neigen dazu, es für aussichtslos zu halten, das auf uns Zukommende einigermaßen zu übersehen oder im voraus zu erkennen. Und Vieles von dem, was unter dem jetzt beliebt gewordenen Schlagwort »Futurologie« verkauft wird, kann ohne Zögern zur science fiction gerechnet werden.

Im Jahre 1957 schrieb mir ein älterer, befreundeter Fachkollege einen besorgten, mahnenden Brief. Er habe jetzt erfahren, daß ich mich schon wiederholt positiv geäußert hätte über die Pläne der Weltraumfahrt. Ich möge doch bedenken, wie sehr ich meinem Ruf als ernster Wissenschaftler schaden müsse, wenn ich solche Phantastereien öffentlich unterstützte. Es sei doch klar, daß alle Ergebnisse der Raketentechnik noch in keiner Weise geeignet seien, realistische Erwartungen für einen Vorstoß in den Weltraum zu begründen. Wenige Monate später kreiste der erste Sputnik.

Daß ich in diesem Falle das Kommende richtiger beurteilt hatte, war in keiner Weise ein Intelligenzbeweis: Es beruhte darauf, daß ich seit meiner Jugendzeit von Mondfahrten geträumt und demgemäß allen späteren Nachrichten über beginnende Raketentechnik Aufmerksamkeit geschenkt hatte. Auch war ich im letzten Kriege ein Jahr lang in Peenemünde im Gelände der BRAUNschen Raketenentwicklung gewesen. Ich glaube, daß ein planmäßiges Bestreben, die heute *im Gange befindlichen* Entwicklungen zur Kenntnis zu nehmen und nachdenklich zu betrachten, uns vor vielen andernfalls unvermeidlichen Fehlbeurteilungen bewahren kann.

Wenn das nicht so wäre, dann müßten wir – sofern wir nicht ohne Besinnung in den Tag hinein leben wollen – mit ausgesprochener Angst der Zukunft entgegensehen. Oder vielleicht gerade *nicht* mit *ausgesprochener,* sondern mit einer unausgesprochenen, mit einer vor unseren Mitmenschen und vor unserem eigenen Bewußtsein verborgenen, verheimlichten, verdrängten Angst. Denn jedes Handeln, jedes Wirken, jede Arbeit, die auf *Dauer* zielt – nicht nur bis zum nächsten Monatsersten –, ist ja abhängig davon, daß wir imstande sind, zu *planen,* Vorsorge für die Zukunft zu treffen, unser Handeln und Tun in die Zukunft hinein auszurichten. Wenn es auch unvermeidbar ist, daß menschliches Wirken und Wollen dem Gesetz der Vergänglichkeit unterworfen ist, so streben wir doch tatsächlich mit unserem heutigen Tun zukünftige Verwirklichung an. Es nützt aber nicht viel, beispielsweise ein langfristiges Bauprogramm für die Erweiterung einer Universität zu planen, wenn schon lange vor dem Ablauf der gedachten Frist die Studentenzahl auf das Doppelte des voraus geschätzten Endwertes angestiegen sein wird.

Diese Erwägung begründet freilich nur die *Erwünschtheit* und *Dringlichkeit* nicht zu kurzer Vorausschau – sehr viel mehr ist noch zu überlegen, bevor wir auch die *Möglichkeit* eines gewissen (begrenzten) Maßes von Vorausschau behaupten können.

Eine realistische Betrachtung der Welt von heute und von morgen wird zwei grundsätzliche Feststellungen aussprechen dürfen, ohne daß grundsätzlicher Widerspruch wahrscheinlich ist. Hauptantriebskraft heutiger Menschheitsentwicklung ist die Weiterentwicklung der *Technik* (im weitesten Sinne verstanden) – was sie heute und morgen möglich macht, bestimmt den realen Rahmen des Geschehens. Die Literaturgattung der science fiction könnte uns zwar glauben machen, daß der Technik eine Lösung jeder Aufgabe, eine Beseitigung jeder Schwierigkeit, eine Aufhebung aller Grenzen möglich sei. Aber das ist nicht der Fall. Denn – so lautet die zweite unvermeidbare Feststellung – die Technik hängt in ihrer Weiterentwicklung von der Weiterentwicklung der *Naturwissenschaften* ab. Die Technik gründet sich auf die Naturgesetze – sie leitet aus den Naturgesetzen die Möglichkeiten technischen zielstrebigen Wirkens ab; sie bleibt dabei aber auch den Naturgesetzen unterworfen und durch die Naturgesetze eingegrenzt.

Diese Naturgesetze sind freilich menschlicher Erkenntnis nur zum Teil erschlossen, und fortschreitende Vertiefung in naturwissenschaftliche Forschung eröffnet uns fortschreitend auch neue Möglichkeiten technischen Wirkens. Dies aber bedeutet keineswegs unbegrenzte, unabsehbare Wirkungsmöglichkeiten, sondern nur solche, die in der Naturgesetzlichkeit selber vorgezeichnet sind.

II

Es ist bezeichnend, daß ein erheblicher Anteil heutiger naturwissenschaftlicher Forschungsarbeit in den Laboratorien von Industrieunternehmungen durchgeführt wird. Grundlagenforschung und angewandte Forschung lassen sich letzten Endes gar nicht voneinander trennen. Der maßgebliche, die Lebensgestaltung von Millionen von Mitmenschen bestimmende Einfluß der großen Industrieunternehmungen gibt nicht nur der gesellschaftlichen Entwicklung unseres Zeitalters, sondern auch der Fortentwicklung unserer Naturerkenntnis entscheidende Antriebe.

Zwar gab es – und gibt es immer noch – Beispiele von Erfindungen, die von naturwissenschaftlichem Fortschritt unabhängig sind. Das Fahrrad, die Schreibmaschine, die mechanischen Rechenmaschinen und der Reißverschluß setzten keine neuen naturwissenschaftlichen Erkenntnisse voraus; sie wurden technisch möglich, sobald die Industrie eine Reihenfertigung genau gearbeiteter Metallteile durchführen konnte.

Neben dieser Voraussetzung, die erst im Industriezeitalter erfüllt wurde, gehörten natürlich auch Einfälle dazu. Ich bin geneigt, die Erfindung des Reißverschlusses zu den genialsten aller Erfindungen zu rechnen. Daß man mit mechanischen Räder- und Hebelwerken auch Rechenarbeit ausführen konnte, wurde schon von dem großen Mathematiker LEIBNIZ in voller Klarheit erkannt. Jedoch war an die technische Ausführung solcher Maschinen damals noch nicht zu denken.

Solche Beispiele sind aber Ausnahmen von der Regel, die seit der Erfindung der Dampfmaschine – vor zweihundert Jahren – gegolten hat, und heute immer umfassender zur Geltung kommt: Die *großen* Fortschritte der Technik sind in engster Wechselwirkung mit den Erkenntnissen der Naturforschung zustande gekommen.

Die weitere Entwicklung der Dampfmaschine erfolgte in Wechselwirkung mit der wissenschaftlichen Erforschung der physikalischen Gesetze der Wärme. Diese Erforschung der Gesetze der Wärme hatte einen geistigen Höhepunkt erreicht in der Schaffung des *Energiebegriffs*, die im vorigen Jahrhundert vollzogen wurde, und auch in der Schaffung des für Naturwissenschaft und Technik nicht weniger wichtigen Begriffs der *Entropie*. Daß SIEMENS die Dynamomaschine erfinden konnte, Elektromotoren und alles andere, was sich daran angeknüpft hat, war eine Anwendung davon, daß der englische Physiker FARADAY das Naturgesetz der *Induktion* entdeckt hatte. Die Funktechnik ihrerseits – als weitere Entwicklung im riesigen Gebiet der Elektrotechnik – ist daraus entstanden, daß ein anderer Engländer, MAXWELL, anknüpfend an FARADAY, eine für seine Zeit ganz überraschende Entdeckung machte, nämlich, daß das Licht eine elektrische Erscheinung ist; daß es elektrische Wellen gibt, und daß Lichtwellen ein Beispiel solcher elektrischer Wellen sind. HEINRICH HERTZ konnte dann, anknüpfend an MAXWELL, aufbauend auf dessen Erkenntnissen, elektrische Wellen viel größerer Wellenlängen künstlich erzeugen. Aber schon vorher hatte die Schwachstromtechnik damit begonnen, den Erdball mit einem Kabelnetz zu überziehen und die Städte mit Fernsprechern, die Häuser mit Klingeln zu versorgen. Diese Schwachstromtechnik gründete sich auf die von dem Physiker Örstedt gemachte Entdeckung, daß ein elektrischer Strom auch magnetische Wirkungen ausübt. Und schon 1833 haben in der Gelehrtenstadt Göttingen der berühmte Mathematiker Gauss und der Physiker Weber den ersten Telegraphen eingerichtet.

Ähnlich greifbar sind die Zusammenhänge von Naturforschung und Technik bei den späteren Errungenschaften: der Photographie (bis hin zum Film), der Funktechnik, der Röntgendurchleuchtung, der Elektronenmikroskope, Transistoren, der Motoren, Flugzeuge, Raketen, Rechenanlagen. Diese Entwicklung hat mit der Erschließung der Atomkernenergie und den ersten menschlichen Landungen auf dem Mond eine gewisse Abrundung erreicht – die weiteren Folgerungen werden für Generationen von Technikern und Forschern immer neue Aufgaben stellen und abenteuerliche Weiterentwicklung ermöglichen. Trotzdem scheint es mir nicht leichtsinnig, vorauszusagen, *daß ganz große technische Überraschungen* – vergleichbar mit den eben genannten Beispielen – *nunmehr unwahrscheinlich geworden sind.*

Diese Aussage scheint von einer verwegenen Kühnheit zu sein. Sie erinnert an den erwähnten Berater des jungen Max Planck, der dessen Rat glücklicherweise nicht gefolgt ist. Machen wir hier vielleicht den gleichen Fehler und sehen die heutige Physik als eine abgeschlossene, fertige und somit unlebendig gewordene Wissenschaft an?

In dieser Richtung können wir aber heute wohl klarer sehen, als *vor* Beginn dieses Jahrhunderts – als die großen naturwissenschaftlichen Entdeckungen unseres Jahrhunderts noch nicht erfolgt waren. Wir haben inzwischen Forschungen erlebt, die uns einerseits bis zu kleinsten Naturgebilden – Atomen, Atomkernen und »Elementarteilchen« – hinab geführt haben und andererseits bis in ungeheure räumliche Fernen. Das Weltall ist uns übersehbar geworden bis in räumliche Abstände von Milliarden von Lichtjahren hinaus, und bis in die Vergangenheit von Milliarden Jahren zurück. Jeder Erfolg wissenschaftlicher Erkenntnis läßt neue Fragen entstehen – Fragen, die uns erst nach den vorangegangenen Entdeckungen überhaupt sichtbar werden konnten. So steht auch die heutige Forschung – im Augenblick möchte ich vor allem an Physik und Astronomie denken – vor riesigen Feldern neuer Fragen und Aufgaben. Dennoch können wir sagen, daß große Bereiche der physikalischen und astronomischen Welt uns heute schon so gründlich bekannt sind, daß uns aus ihnen *keine ganz neue Überraschung mit ebenso überraschenden technischen Folgewirkungen* mehr entstehen wird. Technisch verwendbare Folgerungen zu liefern vermögen ja nur solche naturwissenschaftlichen Ergebnisse, die irgendwie noch Berührung mit dem menschlichen Alltagsdasein haben. Zwar ist auch die Frage dieser Berührung eine vom Gesamt-Zustand technischen Wirkens und Könnens *abhängige* Frage: Als Galvani seine Froschschenkel zucken sah, konnte noch niemand ahnen, welche Folgerungen sich daraus im Zeitalter der Elektrizität ergeben sollten. Dennoch wird man sagen dürfen, daß weder die Erforschung ferner Milchstraßen, noch die Erforschung der Elementarteilchen neue Unterlagen für technische Gestaltungen liefern wird.

Zwar steht der Elektrotechnik noch eine relative Revolutionierung bevor durch die jetzt eingeleitete technische Nutzbarmachung der *Supraleitung* – der fast unbegrenzten elektrischen Leitfähigkeit gewisser Metalle bei sehr tiefen Temperaturen. Aber gerade in diesem Punkte wird das umwälzende, die Daseinsverhältnisse der Menschheit einschneidend berührende Ergebnis *nicht* überraschend, sondern im Gegenteil voraussehbar sein.

Im übrigen aber steht (zumal durch Genetik und Kybernetik auch die Naturerscheinung des organischen Lebens weitgehend erforschbar geworden ist) *zwischen* Sternsystemen und Elementarteilchen nicht mehr viel, was unserem naturwissenschaftlichen Verstehen grundsätzlich verschlossen geblieben wäre: Technische

Umwälzungen, wie sie sich im vorigen Jahrhundert vollzogen haben, sind daraus kaum noch zu erwarten.

(Es sind zwar vielfach phantastische Hoffnungen betreffs einer »Aufhebung der Schwerkraft« geäußert worden. Aber obwohl die Gravitation heute noch zu den bezüglich ihrer Feinheiten *unbekanntesten* physikalischen Erscheinungen gehört, und sicherlich zu einem Hauptforschungsthema der nächsten Jahrzehnte werden wird, sind auch hier die Aussichten auf technische Nutzung gleich Null).

Hinsichtlich des technischen Fortschritts aber ist klar ersichtlich, daß das Zeitalter der großen Einzelerfinder, wie WATT, EDISON, SIEMENS schon abgeschlossen hinter uns liegt. Heutiges schöpferisches Wirken technischer Art vollzieht sich in den Laboratorien und Prüfständen größerer Firmen und Anstalten oder (oft halbmilitärischer) Organisationen in der Form technischer *»Entwicklungsarbeit«*, durch welche ein vorausgeplantes Programm Stufe um Stufe der Verwirklichung näher gebracht wird. Die Überraschungswirkungen begrenzen sich mehr und mehr darauf, *wer zuerst* einen gewissen von allen Sachverständigen als dringlich erkannten Schritt zustandebringt.

Der hiermit abgesteckte Rahmen künftiger Möglichkeiten wird nicht wenigen Hoffnungsfreudigen als bereits beklemmend eng erscheinen, obwohl er für die nächsten Jahrhunderte immerhin die Erforschung und die technische Besitznahme unseres Planetensystems – vom Merkur bis zum Pluto – in sich schließt. (Was ich von den Hoffnungen auf Reisen zu anderen Sonnen und ihren vielleicht vorhandenen Planeten denke, soll an späterer Stelle dieses Buches zur Sprache kommen.)

Das Aussterben der »Erfinder« und ihr Ersatz durch die Entwicklungsarbeit großer Organisationen in Verbindung mit der Verlagerung der grundlagenwissenschaftlichen Forschungsarbeit von Einzelnen auf Arbeitsgruppen (in Physik und Astronomie besonders deutlich zu erkennen) sind die Voraussetzungen, die unentbehrlichen Unterlagen der Behauptung, daß technischer Menschheitsfortschritt der nächsten Jahrhunderte wenigstens in großen Zügen *vorausgesehen werden kann.* Das ist phantastisch genug, um jedem Begeisterungsfähigen das hinreißende Bewußtsein zu vermitteln, Miterlebender großer Geschehnisse zu sein, und bleibt doch im Rahmen der strengen Logik, die dem Fortschritt von Naturwissenschaft und Technik von der Sache her auferlegt ist.

Wir werden das, was uns die Zukunft bringen wird, ohne Zauberei und ohne Hellsehen heute schon in groben Umrissen erkennen können, wenn wir in einer realistischen *Bestandsaufnahme* das, was heute in der technischen Welt *im Gange* ist, beobachten. Dem aufmerksamen Beobachter kann nicht entgehen, daß gewaltige Zukunftsgeschehnisse zu erwarten sind – auch dann, wenn wir von unrealistischen Hoffnungen auf Phantastisches sorgfältig absehen.

Zu den Voraussetzungen *glaubwürdiger* Voraussage gehört freilich auch, daß wir ausdrücklich nicht die Erkennung eines imaginären *Endzustandes* erstreben, der dann als *dauerhaft* bestehen bleiben könnte. Dauerhaft und unbeendbar ist nur die Entropie-Zunahme. Sondern es handelt sich für die Methode der Extrapolation im Gange befindlicher beobachtbarer Entwicklungen selbstverständlich immer nur um eng *begrenzte* Zukunft – *mehr* voraussagen zu wollen, ist nur den Ideologen und der science fiction erlaubt.

Schon die *Bestandsaufnahme* des heute Vorhandenen oder im Werden Begriffenen, wie wir sie uns oben als Unterlage unserer Prognose gedacht haben, stellt uns freilich eine nicht ganz leichte Aufgabe, wenn wir dabei auch eine *Wertung* der Einzelheiten bezüglich ihrer Zukunfts-Wirkungen erstreben wollen.

In der Chemie mit der riesigen Vielfältigkeit ihrer technischen Auswirkungen wäre es vielleicht besonders schwierig, eine Gruppierung des Wichtigsten zu vollziehen, wenn nicht die Technik der *Kunststoffe* – Faserstoffe und Werkstoffe – so stark in den Vordergrund getreten wäre. Daß diese Technik eine Auswirkung der Forschungen in der Chemie der *Riesenmoleküle* ist, bedarf keiner Erläuterung.

Die *Motorentechnik*, die dem Erdöl eine Bedeutung gegeben hat, die derjenigen der Kohle nicht mehr nachsteht, hat den Verkehr auf der Straße, zur See und in der Luft umgestaltet. Das Flugzeug ist ja längst zu einem Träger des Massenverkehrs geworden. Die Motorentechnik hat aber auch die Bautechnik revolutioniert. In der Landwirtschaft hat die Motorentechnik den aus prähistorischen Zeiten stammenden Arbeits- und Lebensgenossen des Menschen – das *Pferd* – überflüssig gemacht und zum Aussterben verurteilt. Ähnlich wie die fortgeschrittene Dampfmaschinentechnik entwickelte sich die Motorentechnik aus der *Thermodynamik*, der Wärmelehre. Dazu kam andererseits, vor allem in der Flugtechnik, die moderne *Strömungslehre*, ein Sondergebiet physikalischer Forschung, das weitgehend durch die Erfordernisse der Flugtechnik angeregt wurde – so, wie in antiker Zeit die Astronomie durch Aufgaben der Kalenderaufstellung und die Geometrie durch Aufgaben der Landvermessung nach den jährlichen Nil-Überschwemmungen angeregt worden ist.

Die *Elektronik*, in welcher Physik und Technik besonders eng verschmolzen sind, zeigt schon in ihrem Namen an, daß sie auf der großen physikalischen Entdeckung des *Elektrons* beruht. Sie beherrscht heute unseren Alltag über Rundfunk und Fernsehen. Sie hat die Nachrichtentechnik zu einem gewaltigen Anwendungsgebiet raffiniertester physikalischer Anlagen werden lassen und andererseits den menschlichen Geist vor neuartige tiefsinnige Fragen gestellt, die zum Entstehen eines neuen mathematisch-abstrakten Wissenschaftszweiges, der *Informationstheorie*, geführt haben. Neueste Verfeinerungen und Steigerungen, die die Nachrichtentechnik durch die Elektronik erhalten hat, ermöglichten die Schaffung von Nachrichtensatelliten oder die Übermittlung von Messungsergebnissen und Photo-Aufnahmen von Mars, Venus und der Rückseite des Mondes. Auch die *Radartechnik* gehört zu den Früchten der Elektronik, und die Technik hat gewissermaßen ihren Dank an die reine Forschung abgestattet, indem sie unserer Erforschung des Weltalls ein neues Sinnesorgan lieferte – Methoden der *Radio-Astronomie* haben, nachdem die Fernrohr-Astronomie mit etwa zwei Milliarden Lichtjahren an der vorläufigen Grenze ihrer Möglichkeiten angekommen war, die Erkundung des Weltraums bis in Entfernungen von etwa zehn Milliarden Lichtjahren vordringen lassen, begleitet von Entdeckungen erstaunlicher Neuigkeiten wie Urknallstrahlung, Pulsare, Quasars. Als weitere Beispiele der Elektronik müssen die Methoden der Fernsteuerung von Schiffen, Flugzeugen, Raketen erwähnt werden; und die elektronischen Methoden der Steuerung von Industrieanlagen führen uns zum viel erörterten Thema der *Automatisierung*. Ein großer Teil aller industriellen Arbeitsleistung könnte heute schon – bei voller Ausnutzung der technischen Möglichkeiten – in menschenleeren Fabriken durchgeführt werden, die nur bei Notwendigkeit von Reparaturen oder einem Umbau menschliches Eingreifen erforden würden.

Die mit einer solchen Entwicklung freilich gegebenen schwerwiegenden sozialen Probleme erfordern geradezu eine nur vorsichtige, verlangsamte Anwendung dessen, was die Technik heute leisten könnte. Aber beispielsweise im Braunkohlengebiet werden ganze Landschaften durchgreifend umgestaltet – mit bereits fast menschenleeren Betrieben.

Als einen Höhepunkt der in Nachrichtentechnik, Fernsteuerung, Automatisierung, vollbrachten Leistungen der Elektronik sehen wir heute die berühmten *elektrischen Gehirne* vor uns. Die lange nach dem Tode des großen *Leibniz* verwirklichten *mechanischen* Rechenmaschinen waren in ihren Leistungen noch eng begrenzt durch die unvermeidbare Langsamkeit in der Bewegung von Rädern und Hebeln. Die Elektronik hingegen hat Schaltwerke möglich gemacht, in denen keinerlei mechanische Bewegung mehr nötig ist, so daß zahlreiche Einzelschritte der Rechnung in winzigen Bruchteilen einer Sekunde ausführbar sind. Die damit entstandenen heutigen Großrechenanlagen sind in kurzer Zeit durch ihre über menschliches Rechnen weit hinausgehenden Leistungen zu unentbehrlichen Helfern in vielen Zweigen der Forschung, der Technik und auch der Wirtschaft geworden. Das schon erwähnte Schlagwort *Kybernetik* weist ja darauf hin, daß die moderne Nachrichtentechnik und die mathematische Wissenschaft von den elektrischen Gehirnen mit der physiologischen Erforschung *organischer* Schaltsysteme in eine fruchtbare Wechselwirkung getreten sind. Trotz der Verschiedenheiten des Materials in lebenden Organismen und in technischen elektronischen Anlagen besteht von der Sache her eine Gemeinsamkeit der Schaltungsprinzipien in organischen und in technischen Steuerungsanlagen.

Die jetzt in Gang gekommene Raumfahrt faßt nahezu alles höchstentwickelte technische Können unserer Zeit zusammen unter Führung der *Raketentechnik.*

Als wissenschaftliches, forschungsmäßiges Ereignis dieser neuen Entwicklung sind so ungeheure Erweiterungen astronomischer Erkenntnis zu erwarten, daß es zu weit führen würde, auf diese Seite des Themas einzugehen. Betont sei nur, daß es sich dabei keineswegs lediglich um eine Befriedigung wissenschaftlicher Neugier handeln wird: Sondern die viel gründlichere Erforschung des Planetensystems wird uns auch entscheidend weiterhelfen im Verständnis unserer eigenen Erde – deren Bodenschätze wir nach Voraussage sowjetischer Wissenschaftler in naher Zukunft bis zu Tiefen von 30 Kilometern werden ausnutzen müssen.

Bis zum Jahre 2000 dürften außer dem Mond auch Mars und Venus für erste Forschungspioniere zugänglich geworden sein; ferner vielleicht Jupiter für unbemannte Raketensonden. Die gründliche Gesamterforschung und Zugänglichmachung des Planetensystems, verbunden mit Ausnutzung neuer Rohstoffquellen, zum Beispiel in Gestalt von Asteroiden – das heißt winzigen Kleinstplaneten, die in manchen Fällen rein metallisch sind –, dürfte eine längere Reihe von Jahrhunderten dem menschlichen Forschungs- und Abenteuergeist unerschöpfliche Aufgaben stellen.

III

Als nach dem zweiten Weltkrieg das Thema der friedlichen Energiegewinnung aus Atomkernen ins Gespräch kam, verbreiteten sich große Hoffnungen. Viele Zeitgenossen glaubten damals, daß diese neue technische Entwicklung bald zu fühlbaren Ermäßigungen der elektrischen Strompreise führen müßte. Das war jedoch ein Mißverständnis: Die vom Verbraucher zu zahlenden Strompreise sind etwa zur Hälfte durch die Amortisation des Verteilernetzes bedingt, so daß von vornherein nur die andere Hälfte Spielraum für eine Verbilligung offen läßt. Aber es sind dann noch etwa zwanzig Jahre vergangen, bevor die emsige Weiterarbeit an den Aufgaben der Reaktortechnik soweit gediehen war, daß die Energiegewinnung aus Atomspaltung allmählich anfangen konnte, neben der Kohleverbrennung ein wirtschaftlich vertretbares Verfahren zu werden. Bekanntlich waren es anfangs nur seltene Sonderaufgaben, für die der Atomstrom eine wirklich nützliche Lösung bot – etwa die Energieversorgung für entlegene Stützpunkte im arktischen Eisgebiet. Aber in den letzten Jahren ist es ja doch dazu gekommen, daß die älteren, auf Kohleverbrennung beruhenden elektrischen Kraftwerke in rentabler Weise ergänzt werden durch »Atomstrom«. Auch für den Schiffbau ist der Antrieb durch Atomenergie jetzt im Anfang einer breiteren Anwendung. Raketenantrieb durch Kernenergie wird bereits erwogen.

Bekanntlich bedingen unvermeidbare physikalisch-technische Umstände, daß eine Anlage zur Gewinnung von Atomenergie nur von einer gewissen Mindestgröße an nützlich werden kann: Der jetzige Zug zum Bau immer größerer Tanker erhöht also auch die Aussichten für beschleunigte Umstellung der Handelsschiffahrt auf Atomantrieb. Für die industrielle Verwendung der Atomenergie sind die wirtschaftlichen Aussichten deshalb günstiger, als für den Strom im Haushalt, weil Großverbraucher hinsichtlich des Verteilernetzes günstiger gestellt sind, als ein Wohnungsgebiet, mit dem Strombedarf zahlloser Kleinverbraucher.

Es kann kein Zweifel bestehen, daß die friedliche Energieversorgung sowohl der ortsfesten Verbraucher als auch der Großschiffahrt in Zukunft immer mehr auf Atomenergie umgestellt wird und sich dabei auch eine erhebliche Verbilligung für alle Großverbraucher ergibt. Für atomgetriebene *Wagen* oder mittelgroße *Flugzeuge* bestehen diese Aussichten nicht.

Für die Menschheitsentwicklung von morgen bis übermorgen wird viel davon abhängen, ob sich eine friedliche Energiegewinnung aus der Umwandlung von (schwerem) Wasserstoff in Helium praktikabel gestalten lassen wird. Sicherlich ist dies eine sehr *schwierige* Aufgabe, und obwohl Forschungsgruppen sowohl im Westen als auch in der Sowjetunion in verbissenem Eifer – so könnte man es nennen – daran arbeiten, ist es heute doch noch immer ungewiß, ob eine technisch-wirtschaftlich lohnende Lösung dieser Aufgabe gelingen kann. Noch vor einigen Jahren war ich selber geneigt, an einem Gelingen dieses Unternehmens zu zweifeln – die Lösbarkeit dieser technischen Aufgabe ist bestimmt nicht eine Selbstverständlichkeit. Jedoch schätze ich die diesbezüglichen Aussichten heute erheblich höher ein, als vor einigen Jahren noch – denn es sind inzwischen neue technologische Fortschritte gemacht worden, und weitere stehen in Aussicht.

Vor allem aber ergeben sich wesentlich höhere Aussichten für die Umwandlung von Wasserstoff in Helium durch die schon berührte Tatsache, daß die technische Nutzbarmachung der *Supraleitung* jetzt in Gang kommt. Sie wird es in früher ungeahnter Weise erleichtern, Magnetfelder von großer Stärke und erheblicher räumlicher Ausdehnung zu schaffen – und damit genau das liefern, was bislang die schwierigste Voraussetzung für das Gelingen der Heliumerzeugung war.

Auf dem *Mond* dürfte übrigens die Energiegewinnung für Industrieanlagen ganz ohne Kerntechnik möglich sein: Die dortigen auf der Abwesenheit von Luft beruhenden scharfen Schattengrenzen, an denen *heiße* Gebiete solchen von fast Weltraumkälte nahekommen, regen zu thermoelektrischer Nutzung an.

Jedenfalls dürfte der Zukunftsmenschheit eine *ungeheure* Verfügbarkeit von *technischer Energie* vorauszusagen sein – ganz im Gegensatz zu der Befürchtung des englischen Physikers Darwin, der (*vor* der Erschließung der Atomenergie) die Zukunftsmenschheit in der Düsternis eines unstillbaren Energie-Hungers sah.

Setzen wir unsere Vorhersage betreffs der technischen Energie-Versorgung als richtig voraus – und es scheint nicht möglich, ernsthaft daran zu zweifeln –, so ergibt sich eine weittragende Folgerung: Die Probleme der *Entsalzung von Meereswasser* oder sonstiger umwälzender Verbesserungen unserer Wasserversorgung werden nicht mehr für lange Zeit ungelöst bleiben. Dem Entsalzungsproblem sind bereits umfangreiche theoretische und praktische Untersuchungen gewidmet worden. Beispielsweise gibt es im Mittelmeergebiet schon Versuchsfabriken der Wasserentsalzung: Zunächst erstrebt man die Erzeugung ausreichender Trinkwasserversorgung, also die Lösung einer Frage, die zwar noch nicht grundsätzliche Erweiterungen für die Lebensmöglichkeiten der Gesamt-Menschheit betrifft, aber doch mancherorts, infolge besonderer Bedingungen, entscheidend für menschliche Aufenthaltsmöglichkeiten werden kann. Fachleute erwägen heute bereits auch revolutionäre Pläne für eine umfangreiche Trinkwasserversorgung Norddeutschlands aus dem Meere oder aus Skandinavien oder von Grönland, da die Industrieverschmutzung unserer Flüsse anscheinend (durch einen extrem schwachen Staat) nicht mehr einzudämmen ist. (Allerdings könnten vorhandene Erfindungen für die *Reinigung* verschmutzten Wassers auch ganz andere Lösungen *dieses* Problems anbahnen.) Gerade in USA hat man daran gedacht, die Methoden der Meeresentsalzung so nachdrücklich zu entwickeln, daß daraus auch eine wirksame landwirtschaftliche Anwendung gemacht werden könnte – insbesondere geeignet, den bedrohlichen politischen Zuspitzungen in Nahost ihre Schärfe zu nehmen. Die dortigen Streitfragen sind ja zu erheblichem Anteil Streitigkeiten um Bewässerung.

Als ein Beispiel dafür, was durch Nachdenken in Verbindung mit Unternehmungsgeist erreicht werden kann, sei ein Fall erwähnt, dessen besondere ortsgebundene Bedingungen freilich keine Übertragung der dabei angewandten Methode auf andere Gebiete möglich machen: Australier haben bislang unverwendbare Gebiete für die Schafzucht nutzbar gemacht, trotz des dortigen stark salzigen Quellwassers. Für die Entsalzung war kein Reaktor erforderlich: Es genügte Verwendung des Sonnenscheins.

Der gegenwärtige Stand der die Entsalzung von Meerwasser betreffenden Erörterungen ist der, daß optimistische Beurteiler glauben, mit einem Großeinsatz heutiger Atomenergie die Wasserentsalzung auch für landwirtschaftliche Berieselung rentabel machen zu können; pessimistische Beurteiler vertreten die Behauptung, auf der Grundlage heutiger Kostenberechnung sei das entsalzte Wasser für landwirtschaftliche Verwendung immer noch zu teuer. Aber auch nach den Berechnungen dieser skeptisch urteilenden Bearbeiter des Problems ist kein Zweifel möglich, daß nach erfolgtem Gelingen der Wasserstoff-Helium-Umwandlung ausreichende Energiemengen – und folglich auch ausreichende entsalzte Wassermengen – erzielbar wären, um in großem Stil die Wüstengebiete der Erde in Zonen fruchtbarer Landwirtschaft umzuwandeln.

Die für die Zukunft sicher gewaltige Vermehrung der verfügbaren technischen Energie bringt uns also auch in bezug auf die *Ernährung* der Menschheit von morgen und übermorgen in eine umwälzend veränderte Lage: Die Gesamtheit der heute landwirtschaftlich genutzten Gebiete der Erdoberfläche (nämlich 10 % des festen Landes) ist nur ein kleiner Bruchteil dessen, was künftig wird nutzbar gemacht werden können. Dabei kommt noch hinzu, daß auch sonstige Möglichkeiten der Bewässerung verschiedene Anwendungen großen Stils erlauben. Bezüglich der Entdeckung unterirdischer Seen, die zur Fruchtbarmachung gegenwärtig unbenutzbarer Gebiete verwendet werden können, scheint gerade kürzlich ein bedeutungsvoller Schritt in Nordafrika gelungen zu sein. Gegenstand praktischer Durchdenkung sind schon heute auch Möglichkeiten, neben Wasserentsalzung Aufschmelzung von Eismassen einzuleiten – das Schmelzwasser könnte ähnlich wie Erdöl in Rohrleitungen weit verfrachtet werden. Der Plan, Süßwasser aus schwedischen Seen nach Norddeutschland zu leiten, ist ein bereits praktisch erwogener Schritt in dieser Richtung. Noch größere Rentabilität verspricht der Gedanke, Eisberge aus der Antarktis zur kalifornischen Küste zu schleppen und sie dort zu schmelzen – oder entsprechend grönländische Eisberge zur deutschen Nordseeküste zu bringen. Übrigens rechnet HERMANN OBERTH stark mit der Möglichkeit, durch Schaffung großer Stanniol-Hohlspiegel im Weltraum den riesigen fast menschenleeren Gebieten des vereisten Nordens in Sibirien und Kanada eine fühlbare Ergänzung ihrer unzureichenden Sonnen-Bestrahlung zu verschaffen.

Auch eine ganz andere Richtung der Erweiterung unserer Ernährungsgrundlagen soll wenigstens *erwähnt* werden: Die *Genetik* läßt noch große Fortschritte der Verbesserung von Getreidearten erwarten. Dies ist nur *eines* unter *vielen* Beispielen der Möglichkeiten, innerhalb des Rahmens *konventioneller* Landwirtschaft weitere Fortschritte zu erzielen. Sowieso ist übrigens *heute* der jährliche Anstieg landwirtschaftlicher Erzeugung *stärker*, als die jährliche Zunahme der Weltbevölkerung, über die von allen Seiten soviel (und vorwiegend Unzutreffendes) erzählt wird. Die Maße noch unausgenützter Möglichkeiten werden uns fühlbar angesichts der Tatsache, daß die auf die Fläche bezogene Weizenerzeugung in Dänemark doppelt so groß wie in USA, viermal so groß wie im Weltdurchschnitt und achtmal so groß wie in Afrika ist.

Aber alle die Vergrößerung landwirtschaftlich nutzbarer Gebiete und ihrer Erträge betreffenden Erwägungen sind nur ein Teilstück dessen, was wir zur Frage der Zukunftsernährung der Menschheit zu bedenken haben.

Selbstverständlich wird mit modernen Methoden auch die Nahrungsmittelgewinnung *aus dem Meer* erheblich zu steigern sein. Voraussetzung einer für die Dauer nützlichen Entwicklung in dieser Richtung ist freilich die *Vermeidung* derjenigen Raubbau-Methoden, durch die die Wale der arktischen Gebiete schon jetzt nahezu ausgerottet sind. Im nördlichsten Polargebiet war diese Ausrottung bereits vor einigen Jahrzehnten erreicht. Um so schärfer ist man dann an die Walbestände der südlichen Polarzone herangegangen. Es ist oft von Berichterstattern in lebhafter Bewunderung beschrieben worden, mit welcher technischen Vollkommenheit der südliche Walfang arbeitete: Entdeckung von Walgruppen durch Flugzeuge, Funkbenachrichtigung der als vollständige Fabriken eingerichteten Fangschiffe, sofortige Verarbeitung der Tiere auf hoher See. Das unvermeidbare Endergebnis einer in *dieser* Weise angewandten Technik – die Vernichtung auch der südlichen Wale – liegt jetzt vor, oder wird jedenfalls in kurzer Zeit erreicht sein. Eine wertvolle Nahrungsquelle späterer Generationen der Menschheit ist unwiederbringlich vernichtet worden, weil die am Fang beteiligten Staaten nicht gewillt waren, sich auf zweckmäßige Regelungen bezüglich *schonenden* Gebrauchs zu einigen, der eine Dauerbenutzung ermöglicht hätte – einschließlich Erneuerung des nördlichen Walfangs durch Verbringung einer Anzahl lebender Wale von Süd nach Nord. Die gewaltigen Planktonmengen, die früher von Walen gefressen und in hochwertige Fett- und Eiweißbestände umgesetzt wurden, fallen in Zukunft für die menschliche Ernährung aus.

Heute zeigt sich schon der Anfang einer Erschöpfung auch mancher Fischbestände, die seit vielen Jahrhunderten ein wichtiger Teil menschlicher Nahrung gewesen sind: Das Schicksal der Wale mahnt uns, diese Anzeichen ernst zu nehmen. Nur bei vernünftiger Behandlung dieses Problems wird das erreicht werden, was grundsätzlich erreicht werden könnte: Eine *ohne* Raubbau verwirklichte Steigerung der Fischfangergebnisse um *mehrere* 100 %.

IV

Es gibt aber auch andere Wege, die ungeheuren Schätze der Meere einer Verbreiterung der menschlichen Ernährungslage dienstbar zu machen. Japanische Forscher haben in moderner Zeit schon über siebenhundert Arten von Meeresalgen gezüchtet, welche teils als Viehfutter, teils auch für unmittelbare menschliche Ernährung verwendbar sind.

Die fraglichen Algen werden im Flachmeergebiet vor den japanischen Küsten gezüchtet, und sicherlich ist mit dieser Züchtung ein *Anfang* revolutionärer weiterer Entwicklungen gegeben. Schon jetzt hat man Ernte-Erträge, die mehr als das Zehnfache gegenüber konventionellen Nutzpflanzen liefern. In der Literatur zu diesem Thema ist übrigens auch darauf hingewiesen worden, daß eine Algenzüchtung in großen Behältern, die mit Ultraviolett durchstrahlt und von CO_2-Gas aus Industrie-Abgasen durchströmt werden, ebenfalls rentabel werden könnte.

Die in Japan schon breit vollzogene Mitbenutzung unkonventioneller Nahrungsmittel gehört also zu den Realitäten von heute; und sie wird zu den entscheidenden Entwicklungen der kommenden Generationen gehören. Sicherlich werden mancherlei zählebige Vorurteile dem Übergang zu unkonventioneller Nahrung bremsend entgegenwirken. Aber einerseits sind die Geschmacksurteile des Menschen der Gewöhnung und der Mode unterworfen; und zweitens werden die märchenhaften Leistungen moderner Genetik, also der Erbforschung und Mutationsforschung, der weitergehenden Züchtung von Algenarten mit wünschenswerten Eigenschaften fast unbegrenzte Möglichkeiten bieten.

Zum Thema der mit unkonventionellen Mitteln erweiterten Nahrungsgrundlagen für die Menschheit von morgen und übermorgen gehört aber neben der Ernährung der noch unausgeschöpften Schätze des Meeres auch ein anderer Hinweis. Das heutige technische Zeitalter lebt ja zum wesentlichen Teil von den Ergebnissen organischen Lebens aus einigen hundert Millionen Jahren der geologischen Vergangenheit. Für die naturwissenschaftliche Forschung ist es bis heute noch immer recht ungewiß geblieben, durch welche Vorgänge erdgeschichtlicher Vergangenheit in so vielen Gebieten der Kontinente (einschließlich der an sie anschließenden Flachmeere) die heute vorhandenen riesigen Lager von Erdöl entstanden sind. Aber diese Erdöllager, deren technische Nutzung sich seit der Erfindung der Ölmotoren in erster Linie auf die Energiegewinnung gerichtet hat, liefern uns außerdem auch andere Möglichkeiten, die heute zwar erst im Anfang ihrer Erschließung stehen, morgen und übermorgen aber ungeheure Bedeutung für die Daseinsverhältnisse der Menschheit gewinnen dürften. Auch zu dieser Seite meines Themas will ich nicht etwa Phantasien ausmalen, sondern nüchtern berichten über Entwicklungen, *die bereits im Gange sind.* Die wissenschaftlichen Untersuchungen, die dieser Entwicklung die Wege öffnen, werden sowohl im Westen als auch in der Sowjetunion an verschiedenen Stellen betrieben. Ich kann keine umfassende Aufzählung der angelaufenen Unternehmungen geben, sondern beschränke mich auf einige Worte über die Bestrebungen und Ergebnisse des Franzosen Champagnat.

Seine Untersuchungen richteten sich zunächst auf folgende Frage: Bei Herstellung von Dieselöl muß man durch kostspielige Verfahren eine Beseitigung technich störender Paraffin-Beimengungen ausführen. Könnte man vielleicht diese kostspieligen Verfahren ersetzen durch Heranziehung von Mikroorganismen, die Paraffin *verzehren* können? Die schließlich gewonnene Bejahung dieser Frage lieferte ein Nebenergebnis, das seinerseits viel bedeutungsvoller ist, als die erzielte Kostensenkung der Herstellung von Motorenöl: Die das Paraffin fressenden und sich auf dieser Grundlage lebhaft vermehrenden Mikroorganismen sind hochgradige Eiweißträger, und ihre Substanz kann in entsprechender Verarbeitung als Tierfutter verwendet werden.

Zwei Industriewerke, zur Zeit im Aufbau, sollen 1970 den Betrieb aufnehmen. Eine bei Marseille geschaffene Anlage soll jährlich 17 000 t Protein aus Dieselöl gewinnen. Eine in Schottland errichtete Fabrik soll jährlich – nach einem etwas anderen Verfahren – 4000 t Protein herstellen unter Benutzung schon fertigen Paraffins als Ausgangsstoff.

Ausgedehnte planmäßige Versuche zur Erprobung des industriell gewonnen Proteins in der Tierfütterung haben sich bereits über längere Jahre und über mehrere Generationen von Versuchstieren wie Ratten, Mäuse, Hühner und Fische erstreckt. Andererseits sind Mastversuche an Hühnern und Schweinen durchgeführt; dabei ist die wichtige Frage geprüft worden, ob die mit hohem Anteil von Ölprotein gemästeten Tiere für den menschlichen Geschmack Nachteile zeigen. Ein mit 250 Belegschaftsmitgliedern durchgeführter Test, bei dem der Geschmack von Schinken mit oder ohne Ölprotein-Verfütterung verglichen wurde, ergab (in abgerundeten Zahlen) je ein Drittel Stimmabgaben für den einen bzw. den anderen Schinken als den bestschmeckenden, und das letzte Drittel der Stimmen erklärte gleich guten Geschmack beider Sorten.

So dürfte die steigende Zukunftsbedeutung der aus Erdöl zu gewinnenden Eiweißstoffe eine gesicherte Sache sein, deren weitgehende Durchsetzung schon im Laufe der siebziger Jahre unaufhaltsam sein wird. Die Frage, ob die Ölproteine statt nur als Viehfutter auch unmittelbar für menschliche Nahrung verwendbar sein werden, ist heute noch nicht beantwortbar; aber Anlaß für ihre grundsätzliche Verneinung ist nicht zu erkennen. Die zahlenmäßigen Ausmaße der in dieser Wegrichtung liegenden Möglichkeiten sind aber geradezu ungeheuerlich: Durchschnittlich ist aus je zweihundert Tonnen Rohöl etwa eine Tonne Proteinkonzentrat zu gewinnen – wohlgemerkt, nicht unter *Verbrauch* dieses Rohöls, sondern durch einen Teilvorgang seiner Reinigung von bisher nur unerwünschten Bestandteilen. Die geologisch nachgewiesenen, mit Sicherheit vorhandenen Weltvorräte von Rohöl, die sich im Laufe vieler Millionen Jahre der Erdgeschichte angesammelt haben, betrugen bis vor kurzem annähern 60 Milliarden Tonnen. Die *vermuteten,* vorläufig nur unsicher zu beurteilenden Weltvorräte wurden von einer EWG-Kommission auf 850 bis 2500 Milliarden Tonnen geschätzt. Neueste Schätzungen vermuten noch höhere Werte, und die jetzt kürzlich in Alaska und im nördlichen Polargebiet gemachten Ölfunde versprechen abermalige Vergrößerung, deren Betrag ungefähr den vorhandenen Reserven des Nah-Ost-Öls gleichen dürfte. *Das Eintreten einer Protein-Hungersnot in der Menschheit ist danach für jede vorstellbare Zukunft ausgeschlossen.*

Zu den wichtigsten Nahrungsgrundlagen der Menschheit gehören bekanntlich auch die Kohlehydrate, wie *Zucker* und *Stärke*. Die Pflanzenwelt erzeugt diese Stoffe unter entscheidender Mitwirkung der *Photosynthese*, in der die Energie von Sonnenlicht dazu benutzt wird, aus Kohlensäure und Wasser Kohlehydrate und Sauerstoff zu bilden. Seit mehreren Jahrzehnten ringt die Naturforschung um ein genaueres Verständnis dieser Photosynthese, die bekanntlich vom Chlorophyll der Pflanzen ausgeführt wird, und in der sehr eigentümliche, bis heute nicht voll enträtselte quantenphysikalische Vorgänge mit chemischen zusammenwirken. Die Länge der Zeit, die für die bisherige Untersuchung dieser Photosynthese angewandt worden ist, ohne daß eine volle Lösung des Problems gelingen wollte, könnte vielleicht Anlaß zur Entmutigung geben. Aber gerade vor kurzem ist ein neuer quantenphysikalischer Vorgang entdeckt worden, der den Verdacht rechtfertigt, daß er für die Ermöglichung der Photosynthese von entscheidender Bedeutung ist. Wir haben also keinen Grund, daran zu zweifeln, daß auch dieses bedeutungsvolle Rätsel der Natur eines Tages entschleiert werden wird, so daß eine Nachahmung der pflanzlichen Photosynthese in menschlichen Experimenten gelingen muß. Zwangsläufig folgen aber der wissenschaftlichen Erkenntnis auch die technischen Folgerungen. So werden in Zukunft, soweit es sich als erforderlich erweist, auch Zucker und Brot neben ihrer landwirtschaftlichen Erzeugung in industrieller Herstellung gewonnen werden.

Der Kreis dieser Betrachtungen schließt sich, indem wir zuletzt auch an die Fett-Bestandteile der Nahrung denken. Synthetische, fabrikmäßige Erzeugung von Speisefett ist schon während des zweiten Weltkrieges in gewissem Umfang durchgeführt worden. Der Erfolg dieser Bemühungen war freilich noch recht ungenügend; und man hatte nach dem Kriege zunächst keine Veranlassung zu weiteren Untersuchungen in dieser Richtung. Zweifellos aber handelt es sich hier um eine Aufgabe für die Chemie, deren Schwierigkeiten *bei weitem geringer* sein werden, als bei der Synthese von Zucker, die in absehbarer Zeit gelingen wird; oder gar bei einer künstlichen Erzeugung von Eiweiß, die vermutlich niemals in wirtschaftlich vertretbarer Weise gelingen kann – aber dafür gibt es ja, wie wir uns klargemacht haben, andere Auswege in breitester Form.

Eine realistische Betrachtung der heutigen Welt mit ihrem jetzt vorhandenen Können und mit ihren im Entstehen begriffenen neuen Entwicklungen kommt zu dem Ergebnis, daß die Notwendigkeiten, denen die Menschheit in absehbarer Zukunft entgegenzusehen hat, lückenlos durch die Technik von morgen und übermorgen erfüllt werden können. Jeder die diesbezüglichen Fähigkeiten der Technik in Zweifel ziehender Angstgedanke beruht auf plumpester Unkenntnis der Tatsachen. Zu Erfüllung der Erfordernisse der Zukunftsmenschheit sind nicht irgendwelche phantastischen Wunder nötig – sondern nur normaler Fortgang derjenigen technischen Entwicklungen, die sowieso schon eingeleitet sind. Sollten in späterer Zukunft beispielsweise gewisse technisch benötigte chemische Elemente einmal zur Mangelware werden, so werden wir sie wahrscheinlich nicht in Atemreaktoren kostspielig erzeugen müssen, sondern sie aus dem Asteroiden-Gürtel des Planetensystems holen können – jenen schon erwähnten Tausenden von Kleinstplaneten, die zwischen Mars und Jupiter die Sonne umlaufen.

Die von mir vertretene These der *Lösbarkeit* aller dringlichen technischen Zukunftsaufgaben habe ich oben mit etwas Ausführlichkeit erläutert, weil sie in so entschiedenem Gegensatz zu weit verbreiteten makabren Modemeinungen steht, die heute eine perverse Beliebtheit haben. Die Erwachsenen von heute glauben ja an das Märchen von der Welthungerkatastrophe, erzeugt durch »Bevölkerungsexplosion«, mit der gleichen Inbrunst, mit der sie als Kinder an den Klapperstorch geglaubt haben.

Meine These, daß es keinerlei unvermeidbare Hungerkatastrophe geben wird, ist aber nicht so gemeint, daß ich die Zukunft als eine rosarote Vergnügungsreise schildern möchte. Ich bin im Gegenteil überzeugt, daß die Härte menschlichen Daseinskampfes auch in Zukunft unvermindert bleiben wird – sie wird ihre

Formen wechseln, aber die Tatsache, daß menschliches Leben aus Anstrengung, Schmerz, Enttäuschung, Verzicht und Arbeit besteht, wird auch in Zukunft ebenso unabänderlich bleiben, wie sie seit den Zeiten der Mammutjäger unverändertlich geblieben ist. Der Mensch von übermorgen wird es nicht leichter haben als wir. Aber wir haben keinen Grund, den Fortgang verbreiterter Technisierung der menschlichen Daseinsverhältnisse als eine *bedauerliche* Notwendigkeit zu betrachten. Sondern unsere Bejahung der technischen Weiterentwicklung sollte eine tapfere und *freudige* Bejahung sein.

Die Gesellschaft des 20 Jahrhunderts ist eine *Leistungsgesellschaft.* Was mit diesem Worte gesagt sein soll, bedarf kaum einer Erläuterung – es bezeichnet eine Gemeinsamkeit, die heute in den sonst so verschiedenartigen Ländern des Westens und des Ostens in gleichem Maße beherrschend ist, und die es in früheren, untechnisierten Zeiten nicht gegeben hat. Beispielsweise die Menschen des Biedermeier, also eines noch gar nicht weit zurückliegenden Geschichtsabschnitts, lebten zwar in mancherlei Hinsicht unter Bedingungen, die man heute keinem Europäer mehr zumuten könnte. Aber sie hatten mehr Zeit nicht nur für Gemüt, sondern auch für Gemütlichkeit. Für uns heutige Menschen verwandelt sich sogar die Freizeit in eine Strapaze, statt in eine Erholung. Gleichzeitig stellt unser Arbeits-Alltag Anforderungen, die man früher so nicht gekannt hat. Zu einer Weltraumrakete gehören Millionen von Einzelteilen, deren jeder genauestens durchdacht und genauestens gearbeitet sein und in vollendeter Sicherheit seine technische Aufgabe erfüllen muß, damit die Astronauten Aussicht auf Überleben haben.

So hat heute jeder von uns Belastungen zu tragen, die es früher nicht gab, und man kann sich nicht wundern, daß es unter unseren Zeitgenossen auch zunehmende Zahlen solcher gibt, deren Kräfte nicht ausreichen, das Leben einer technisierten Leistungsgesellschaft mitzumachen. Bedenklich aber ist es, wenn solche Erscheinungen des Versagens und der Flucht (z. B. ins Rauschgift) von weiten Kreisen mit beschönigenden Worten wie »Unruhe« bezeichnet und mit der Illusion betrachtet werden, daß aus dem Versagen vielleicht etwas neues, wunderbar Positives hervorgehen könnte. *Solche* Wunder gibt es nicht.

Daß es zur tatsächlichen *Verwirklichung* dessen kommt, was in der heutigen Technik und Naturwissenschaft als *Möglichkeit* angelegt ist – die vollständige Vermeidung der Hungerkatastrophe –, das hängt ab von Voraussetzungen, die nun nicht mehr zum Bereich des Technischen gehören, sondern zum Bereich des Menschlichen. Die technisch mögliche Beseitigung des Dauerhungers verlangt als ihre Voraussetzung die Anerkennung des Prinzips der Leistungsgesellschaft – die *tätige* Anerkennung, entweder in westlicher oder in östlicher Form. Sie kann *nicht* gelingen in einem Lande, dessen Bewohner zum Beispiel die Ernährung von Menschen für weniger wichtig halten, als die Ernährung heiliger Kühe oder Affen.

Kapitel 2

Kybernetik und Naturerkenntnis

I

Die Bezeichnung »Kybernetik« gehört zu den heute bekanntesten und meistgebrauchten Schlagworten. Denn fast alle höheren, modernen Entwicklungen der Technik haben enge Beziehungen zu denjenigen Gedankengängen, die man heute gern unter dem Namen *Kybernetik* oder *Steuerungslehre* zusammenfaßt.

In genauerer Aufgliederung handelt es sich um ein ganzes Bündel von Wissenschaftszweigen, die einerseits zur Technik, andererseits aber auch zur physiologischen Erforschung von lebenden Organismen mit ihrer Fülle verwickelter Beziehungen in Nervensytemen, Sinnesorganen und Hirnen gehören. Der amerikanische Mathematiker Norbert Wiener hat durch ein bahnbrechendes Buch dem ganzen Bündel dieser Wissenschaftsbereiche unter der Bezeichnung »Kybernetik« das Bewußtsein ihrer Zusammengehörigkeit gegeben.

In der Mitte der zwanziger Jahre habe ich Wiener persönlich kennengelernt – als einen scharfsinnigen Mathematiker, der sich einen angesehenen Namen erworben hatte durch erfolgreiche Bearbeitung schwieriger mathematischer Fragen. Aber ich kann keineswegs behaupten, schon damals etwas geahnt zu haben von jener Eruption genialer Gedankenfülle, zu der er später gekommen ist, als er *sein* Thema gefunden hatte.

Es ist ja nicht selten in der Geschichte der Wissenschaften vorgekommen, daß ein bedeutender Denker durch äußere Veranlassung zu einer Aufgabe geführt wurde, in deren Durchdenkung er zu Erkenntnissen kam, deren Bedeutung weit hinaus reichte über diejenige der ursprünglichen Frage. Beispielsweise hat in antiker Zeit der große Mathematiker *Archimedes* eines der geschichtlich ältesten Gesetze der Physik erkannt, als Hiero, der damalige Herrscher von Syrakus, seine Hilfe wünschte für die Klärung, ob der Goldschmied, der ihm eine Krone angefertigt hatte, vielleicht ein Betrüger sei, der das ihm anvertraute Gold teilweise durch Silber ersetzt hatte: Archimedes kam durch diese Frage zum »Archimedischen Prinzip« vom »hydrostatischen Auftrieb«.

Norbert Wiener seinerseits wurde im zweiten Weltkrieg beauftragt, über die technische Verbesserung der Flugzeugabwehr nachzudenken. Vor dem Kriege hatte man auf beiden Seiten der späteren Front die Aussicht, angreifende Flugzeuge mit Geschützen abwehren zu können, sehr optimistisch überschätzt. Erst während des Krieges merkte man, daß die Aufgabestellung, auf diese Weise Treffer zu erzeugen, viel schwieriger war, als man sich vorher gedacht hatte. Das war der Grund dafür, daß amerikanische Regierungsstellen Wiener beauftragten, sein mathematisches Können einer Untersuchung dieser Frage zu widmen.

Er begann damit, sich die Schwierigkeiten der Aufgabestellung ausführlich klarzumachen. Aus der Ferne nähert sich ein Flugzeug; es wird durch Suchgeräte entdeckt und angepeilt. Seine Bewegungsrichtung wird beobachtet, seine Geschwindigkeit gemessen. Das Zielen erfordert genaue mathematische Vorausberechnung sowohl der Bewegung des Flugzeugs als auch der des Geschosses.

Das Flugzeug wird aber keineswegs mit gleichbleibender Richtung und Geschwindigkeit fliegen, sondern in der Gefahrenzone verwickelte Ausweichbewegungen ausführen, um sich der Gefahr bestmöglich zu entziehen. Diese Bewegungen sind für den Gegner nicht voraussehbar – sie können nur im *statistischen* Sinne einigermaßen beurteilt werden. Aber es lohnt sich durchaus, auch diese statistische Analyse ausführlich zu versuchen – denn sowieso ist das Zustandekommen eins Abwehrtreffers immer nur ein seltener Ausnahmefall unter zahlreichen erfolglosen Versuchen.

Natürlich müssen außerdem die gesamten Vorgänge des Zielens und der dazu erforderlichen mathematischen Berechnungen vollautomatisch geschehen – menschliche Handlungen und Reaktionen würden viel zu langsam verlaufen.

Als Wiener durch diese Überlegungen erkannt hatte, daß die ihm gestellte Aufgabe im Grade der Schwierigkeit und Verwikkeltheit alle vorher jemals in Angriff genommenen technischen Aufgaben weit übertraf, kam er auf denjenigen Gedanken, durch welche die in seinem Sinne verstandene neue Wissenschaft »Kybernetik« zur Geburt gekommen ist: Um sich mit anderen Spezialisten zu beraten, wandte er sich nicht an andere Mathematiker, Physiker oder Techniker, sondern an einen *Physiologen* (namens ROSENBLUETH). WIENER sagte sich, daß die ihm gestellte Aufgabe ähnlich schwierig und verwickelt sei, wie diejenigen Aufgaben, die von organischen, biologischen Steuerungssystemen tatsächlich gelöst werden; vielleicht könnte hier also die Technik von der Physiologie *lernen*. Mit diesem Gedankenaustausch war der Anfang gegeben für das, was man heute als Kybernetik, Steuerungslehre, bezeichnet. Es ist eine Wissenschaft, die *sowohl* die von Menschen technisch aufgebauten Steuerungsanlagen betrifft, *als auch* zugleich diejenigen Steuerungsanlagen, die in lebenden Tieren in Form von Sinnesorganen, Nervensystemen und Gehirn verwirklicht sind.

In der Tat sind auf beiden Gebieten, in der Technik und in der Physiologie, durch diese Einleitung einer engen Zusammenarbeit zwischen scheinbar weit getrennten Wissenschaftsbereichen märchenhafte Fortschritte möglich geworden. Während die Technik Anregungen zur Lösung bestimmter ihr gestellter Aufgaben entnehmen kann aus dem Vorbild biologischer, organischer Anlagen mit ihren höchst verwickelt ineinandergreifenden Wirkungen, vermag umgekehrt die physiologische Forschung in vielen Fällen den Sinn und Zweck bestimmter – zunächst nur morphologisch erkannter – Strukturen besser zu verstehen aufgrund der Einsicht in die Wege, die die Technik bei vergleichbaren Aufgaben beschreitet. Wir wollen uns diese Wechselbeziehungen verdeutlichen am Beispiel einiger typischer Begriffe, die die Kybernetik entwickelt und deren vielseitige Anwendbarkeit sowohl auf technische als auch auf organische Anlagen erkannt hat.

1. Regelung. Schon JAMES WATT erkannte bei seiner das Industriezeitalter einleitenden Erfindung der Kolben-Dampfmaschine, daß es keineswegs allein darauf ankam, ein Schwungrad durch Dampfkraft in Drehung zu versetzen. Sondern es mußte auch gewährleistet werden, daß diese Drehung mit gleichmäßiger Geschwindigkeit erfolgte. Er erfand dazu jenen typischen Bestandteil, den ich in meiner Kinderzeit, als die Kolbendampfmaschine noch das Übliche war, häufig gesehen und immer angestaunt habe als eine mir unverständliche, nutzlos erscheinende Zutat: Mit der Maschine ist eine senkrecht stehende Stange verbunden, um welche sich zwei beweglich befestigte Kugeln drehen. Da die Drehung der Stange mit derjenigen des Schwungrads gekoppelt ist, entfernen sich die beiden Kugeln durch Zentrifugalkraft von ihrer Drehachse, sobald die Maschine aus irgendeinem Grunde schneller arbeitet als erwünscht. Umgekehrt rücken die Kugeln, sich senkend, näher an ihre Drehachse heran, wenn die Maschine ihre Arbeit verlangsamt.

Ein geeignetes Verbindungs-Gestänge sorgt aber dafür, daß bei Zunahme des Kugelabstands die Dampfzufuhr vom Kessel zum Kolben etwas gedrosselt, bei Annäherung der Kugeln verstärkt wird. Mit diesem genialen Gedanken – gerade seine Einfachheit erweist ihn als den Gedanken eines Genies – hatte JAMES WATT eine gleichbleibende Drehgeschwindigkeit gesichert – und zugleich ein Beispiel *selbsttätiger Regelung* in die Technik eingeführt.

Natürlich sind hernach zahlreiche Regelungen für verschiedenste Zwecke erfunden worden. Eines der bekanntesten Beispiele ist der *Thermostat*, ein wichtiges Werkzeug zur Durchführung von Experimenten bei gleichbleibender Temperatur. In der Anwendung auf Wohnungen oder Eisenbahnwagen nennen wir das Prinzip des Thermostaten eine Klima-Anlage. In Texas, wo man mir erzählte, das Land sei eigentlich erst durch die Erfindung der Klimaanlagen bewohnbar geworden, pflegen auch die Autos eine solche Anlage zu haben.

Hierzu sei eine aufschlußreiche Begebenheit erwähnt.

Zu jeder Regelung gehört ein »Fühler«, der den zu regelnden Zustand ermittelt und fortlaufend überwacht. Bei der alten Kolben-Dampfmaschine spielten die erwähnten Kugeln die Rolle dieses Fühlers; beim Thermostaten ist natürlich ein Thermometer als Fühler nötig. Als Klimaanlagen noch eine Neuigkeit waren, ließ sich in Hamburg ein reicher Mann ein Haus bauen – erstmalig mit Klimaanlage. Zu seiner Enttäuschung wirkte diese aber nicht. Die Untersuchung ergab dann, daß der Innenarchitekt die zahlreichen Thermometer als unschön empfunden und sie deshalb hinter einer Holzverkleidung verborgen hatte.

In unserem Organismus gibt es als einen wichtigen Regler das »Atemzentrum«. Es sorgt dafür, daß der Anteil von Kohlensäure im Blut auf gleichbleibender Höhe gehalten wird.

2. *Schaltungsprobleme.* Als in der guten alten Zeit die Rolle der Elektrizität im Haushalt sich noch auf Klingel-Anlagen beschränkte, erforderten die Schaltungsprobleme noch keine eigene Wissenschaft. Aber wenn man heute an das Fernsprechnetz einer Großstadt denkt, wird es auch dem Laien glaubhaft, daß diesbezügliche Schaltungsprobleme eine planmäßige wissenschaftliche Bearbeitung erfordern. Man kann eine *solche* Durchdenkung, die *nicht* auf das Material der Leitungsdrähte eingeht, sondern nur die Möglichkeiten der Zusammenschaltung prüft, passend als »*formale* Schaltungstheorie« bezeichnen. Es sind echt *mathematische* Probleme, die hier auftauchen und einen eigenen Zweig mathematischer Wissenschaften haben entstehen lassen. Seine Ergebnisse sind nicht nur für elektrische Anlagen verwendbar, sondern auch für Schaltungsprobleme in Nervensystem und Gehirn. Bei *Überlastung* von Fernsprechnetzen ergeben sich oft Pannen mit einem zwar unerwünschten, aber durchaus typischen, gesetzmäßigen Verlauf. Bestimmte Erkrankungen des Gehirns zeigen formal *ähnliche* Erscheinungen.

3. *Nachrichtentechnik und Informationstheorie.* Neben WIENER hat auch ein anderer Mathematiker bahnbrechend zur Entwicklung der kybernetischen Wissenschaften beigetragen: SHANNON. Auch er wurde durch äußere Umstände dazu angeregt. Er sollte seine mathematischen Fähigkeiten nutzbar machen für die Arbeit einer großen Fernsprecher-Fabrik; und er schuf die »*Kommuni-*

kationstheorie« als ein abstraktes mathemathisches Wissenschafts-Kapitel, das zu Aufsehen erregenden praktischen Erfolgen führte. Es ist ja eine wichtige technische Aufgabe, möglichst viele Gespräche gleichzeitig über einen einzigen Draht leiten zu können, wofür jedem Gespräch ein eigener Bereich von Wechselstrom-Schwingungszahlen zugewiesen werden muß – ähnlich wie jedem Rundfunksender ein bestimmter Bereich von Wellenlängen zur Verfügung steht. Es gehörte zu den Anfangserfolgen der Shannonschen Kommunikationstheorie (oft *Informationstheorie* genannt), daß die gebräuchliche »Bandbreite« auf 2 % herabgesetzt werden konnte, so daß jeder Verbindungsdraht eine 50-fach vergrößerte Brauchbarkeit gewann.

Das Wort »abstrakt« spielt in der modernen Mathematik und in der modernen Physik eine große Rolle. Physikalische Kapitel wie Relativitätstheorie oder Quantenmechanik werden gern als »abstrakt« bezeichnet, weil sie sich weit aus alltäglichen oder aus älteren Gedankenkreisen entfernen. Vor allem aber wird das Wort »abstrakt« angewandt zur Bezeichnung eines inhaltsreichen, tiefgründigen Gedankenschemas, das deshalb *vielseitige* Anwendungen auf sehr *verschiedenartige* Gegenstände oder Fragen erlaubt, weil in diesem Gedankenschema von den *Besonderheiten* jedes einzelnen Anwendungsbeispiels abstrahiert und nur das *Gemeinsame* um so klarer erfaßt wird. In diesem Sinne ist die Kybernetik als Ganzes »abstrakt«, weil sie von Erkenntnissen handelt, die vom Material oder der physikalischen Natur der Übertragung unabhängig sind: Elektrische Leitungsdrähte oder Nervenstränge; technische Funksignale oder gesprochene Worte erlauben in gleicher Weise Anwendung der Gedankenschemata von Kybernetik und Kommunikationstheorie. Um ein noch einfacheres Beispiel zu betrachten: Das mathematische Gesetz $2 + 3 = 5$ ist »abstrakt« in dem Sinne, daß es in gleicher Weise angewandt werden kann auf Menschen, Mäuse, Meter, Markstücke usw.

Es ist von literarischen Befürwortern der abstrakten Kunst oft behauptet worden, diese sei eine Parallel-Erscheinung zur abstrakten Physik. Mein verehrter Lehrer Max Born hat einmal in schlichter Klarheit und feiner Ironie erläutert, daß in beiden Fällen das Wort »abstrakt« gerade in *entgegengesetzter* Weise angewandt wird: Während Mathematiker und Physiker das Wort gebrauchen zur Betonung dessen, daß die fraglichen tiefgründigen Gedankengänge infolge ihres Abstrahierens von Nebensächlichem umfassendste sachliche Anwendbarkeit und Inhaltsfülle gewonnen haben, rühmt die Kennzeichnung eines Gemäldes als »abstrakt« gerade die Tatsache, daß es *keinerlei* inhaltliche Bedeutung hat.

4. Steuerungstechnik. Es gehört heute zum Alltagswissen jedes Zeitungslesers, daß man Schiffe oder Flugzeuge oder sogar Weltraumraketen durch Funksignale steuern, ihnen Kursänderungen oder Arbeitsaufträge vermitteln kann. Technische Erfolge solcher Art kommen uns heute kaum noch erstaunlich vor, und wir vergessen fast die Leistungen wissenschaftlicher Arbeit, die zu ihrer Ermöglichung nötig waren.

Eine Folgeerscheinung der Steuerungstechnik ist die »Automatisierung«, die die Schaffung menschenleerer Fabriken ermöglicht: Bei voller Ausnutzung unseres Könnens würden sich die meisten industriellen Erzeugungsvorgänge bereits heute vollautomatisch abspielen. Die Gebäude brauchten nur zwecks Reparatur oder Umbau von Menschen betreten zu werden.

5. Rechenanlagen. Schon Leibniz hat erkannt, daß auch Rechenaufgaben durch Maschinen ausgeführt werden könnten; die praktische Verwertung dieses Gedankens mußte freilich warten, bis das Industriezeitalter die Reihenfertigung genau gearbeiteter Metallteile möglich machte. Die moderne Technik hat durch die Gestaltung äußerst schneller elektronischer statt mechanischer Umschaltungen die Verwirklichung des Leibnizschen Grundgedankens weit über alles ihm Erahnbare hinausgeführt. Denkaufgaben, die aufgrund der ihnen innewohnenden ungeheuren Kompliziertheit für den Menschen eine viel zu umfangreiche, Zeit verzehrende Arbeitsleistung bedeuten würden, können maschinell rasch bewältigt werden. Das ist eine der *unentbehrlichen* Hilfen für die moderne Lebensführung. Die Konstruktionsleistungen heutiger Technik, die immer wieder das Zuwegebringen äußerster Erfolge mit geringstem Aufwand von Material, Energie, Gewicht oder Kosten verlangen, sind ohne die ständige und schnelle Bewältigung von Rechen- und Denkaufgaben ebensowenig zu erzielen, wie die Leistungen modernen Arbeitslebens, modernen Massenverkehrs oder moderner Betriebs- und Wirtschaftsorganisation. Diese Rechen- und Denkaufgaben enthalten zwar in jedem ihrer vielen Millionen von Einzelschritten einfachste rechnerische oder logische Folgerungen, übersteigen aber durch die Vielzahl der auszuführenden Einzelschritte die menschlichen Leistungsgrenzen.

Natürlich kann es dringlich sein, eine Rechnung gegen die Möglichkeit von Fehlern zu schützen. Eine dafür geeignete Methode ist die, daß man die Rechnung parallel gehend zweifach ausführen läßt, wobei fortlaufend ein automatischer Vergleich der Zwischenergebnisse durchgeführt wird. Zeigt sich eine Unstimmigkeit, so hält die Maschine und verlangt durch ein Signal menschliches Eingreifen. Eine noch weiter gehende Verbesserung besteht darin, daß man sogar dreifache Durchführung der Rechnung einrichtet: Tritt zwischen den drei parallelen Rechengängen eine Unstimmigkeit auf, so hat die Mehrheit recht. Die Maschine korrigiert selbsttätig den Fehler und arbeitet weiter.

6. Rückmeldung. Die von der Kybernetik befruchtete *Physiologie* hat schon in einfachsten, alltäglichen Körpervorgängen viele mitunter raffinierte Steuerungen entdeckt. Soll unsere *Hand* beispielsweise einen Gegenstand ergreifen, so wird sie durch Muskelkontraktionen auf den Gegenstand hin bewegt. Unser Auge gibt eine »Rückmeldung«, die über den Erfolg der Handbewegung berichtet und rechtzeitige Beendigung veranlaßt. In pathologischen Fällen kann es vorkommen, daß der Vollzug der Rückmeldung (bzw. ihre Verwertung durch unser unbewußtes Denken) zu *langsam* geschieht – die Hand schießt dann über das Ziel hinaus, und wiederholt diesen Fehler bei der schließlich erfolgenden Zurückziehung. Statt sicheren Ergreifens des Gegenstandes kommt eine jeweils über das Ziel hinaus zuckende Bewegung zustande.

Es ist verständlich, daß insbesondere die *Sinnesphysiologie* viele Veranlassungen zu kybernetischer Analyse gibt. Wenn wir unseren Kopf bewegen, so wandert das Bild dessen, was vor uns liegt, auf unserer Netzhaut, und es ist keineswegs eine Selbstverständlichkeit, daß wir trotzdem die festen Gegenstände vor uns als unbewegt empfinden. Raffinierte Rückmeldungen sorgen dafür, daß in unserem Bewußtsein der Eindruck unbewegter Gegenstände trotz Bewegung des Bildes auf unserer Netzhaut entsteht. Die Notwendigkeit der unbewußt verarbeiteten Rückmeldungen unserer Kopfbewegung zeigt sich, wenn wir unsere eigene Sinneswahrnehmung überlisten: Wir können unsere Augen schneller bewegen, als unseren Kopf; und wenn wir abends eine mit Wechselstrom betriebene Neon-Röhre mit schneller Augenbewegung ansehen, dann mißlingt die Korrektur: An Stelle einer unbewegten Neonröhre sehen wir verschiedene nebeneinander.

II

Aber wir wollen jetzt nicht die Vielzahl kybernetisch beachtenswerter Beispiele aus der Physiologie weiter verfolgen, sondern zu unserem grundsätzlichen Thema kommen. Ist unsere übliche Unterscheidung organischer, lebendiger Naturerscheinungen von den anorganischen *mehr,* als eine grobe Zweckmäßigkeitsmaßnahme? Sind die Erscheinungen organischen Lebens nur komplizierte Anwendungsfälle der allgemeinen Gesetze von Physik und Chemie – oder ist es berechtigt und notwendig, dem organischen Leben im Rahmen der Naturgesetzlichkeit eine Sonderstellung zuzuschreiben, die sich auf naturwissenschaftlich beschreibbare Verschiedenheiten des Organischen vom Anorganischen gründet? Die eine der beiden möglichen Antworten in dieser Alternative – die während langer Zeit als die *einzige naturwissenschaftlich* vertretbare angesehen wurde – ist von dem bekannten Philosophen Hans Driesch als die »Maschinentheorie der Organismen« bezeichnet worden. Ihr Inhalt könnte so zusammengefaßt werden: Wie beispielsweise im Planetensystem eine lückenlose zwangsläufige Vorausbestimmung aller Bewegungen gegeben ist – gewöhnlich als »mechanische Kausalität« bezeichnet –, so müßte für eine uns quantitativ weit überlegene, aber grundsätzlich artgleiche Intelligenz auch jeder Organismus hinsichtlich seiner künftigen Reaktionen vorausberechenbar sein. (Unter der Voraussetzung natürlich, daß die äußeren Beeinflussungen, denen er ausgesetzt sein wird, im voraus bekannt sind).

Dieser Gedanke, daß Organismen sich nur durch höheren Grad der Kompliziertheit unterscheiden von anorganischen Mechanismen, deren viel einfachere Reaktionen uns voll verständlich und vorausberechenbar sind, ist schon von Descartes ausdrücklich und ausführlich für alle tierischen (und pflanzlichen) Organismen vertreten worden: den *Menschen* hat Descartes als einen Ausnahmefall angesehen. Lamettrie verschärfte die Aussagen von Descartes duch *Streichung* dieser Ausnahme. Er erklärte, daß auch der menschliche Organismus trotz Kompliziertheit grundsätzlich ein Mechanismus sei. Sein 1748 veröffentlichtes Buch hatte den Titel »L'homme machine«.

Die Frage nach der Richtigkeit oder Unrichtigkeit der «Maschinentheorie der Organismen» ist nicht *nur* eine naturwissenschaftlich-fachspezialistische Frage, sondern der Streit um diese Frage ist engstens verwoben mit den großen Auseinandersetzungen in den letzen zwei- bis dreihundert Jahren europäischer Geistesgeschichte. Er hat engste Beziehungen zu den großen, umstrittenen Weltanschauungsfragen. Aber um einer Thema-Erweiterung vorzubeugen, die uferlos werden könnte, soll diese Streitfrage in diesem Kapitel *ausschließlich* bezüglich ihres naturwissenschaftlichen Sachgehaltes betrachtet werden, also abgelöst, getrennt von jeder Frage, die nicht ausschließlich naturwissenschaftlichen Inhalts ist.

Im Geiste naturwissenschaftlicher Methodik ist es selbstverständlich eine berechtigte und vernünftige *Arbeitshypothese* für die Physiologie, sich die Funktionen eines lebenden Organismus zunächst einmal im Sinne der »Maschinentheorie« vorzustellen, um dann zu sehen, wie weit man mit dieser Arbeitshypothese kommen kann. Methodisch fehlerhaft ist es jedoch, Arbeitshypothesen zu Dogmen zu machen, deren Bezweiflung ihren fanatischen Anhängern als schlechthin unerlaubt gilt. Tatsächlich ist ja das Kausalitätsprinzip durch viele Jahrhunderte als eine Art traditionsgeheiligtes Dogma betrachtet worden, und von diesem Dogma aus mußte die Maschinentheorie der Organismen als selbstverständliche, unbezweifelbare Folgerung angesehen werden. Aber schon längere Zeit vor der später durch die Quantenphysik herbeigeführten Erschütterung des Kausalitätsdogmas haben biologische Forscher Einwände gegen die »Maschinentheorie« vorgetragen; und HANS DRIESCH, der leidenschaftlich um die Widerlegung dieser Theorie gerungen hat, meinte insbesondere, daß die *Fortpflanzungsfähigkeit* der Organismen im Widerspruch zu dieser Maschinentheorie stünde. Wenngleich etwa eine Lokomotive oder ein Auto durch seine Bewegungsfähigkeit für eine oberflächliche Betrachtung als etwas mit einem Tier Verwandtes erscheinen könnte, so sind doch alle Maschinen von lebenden Organismen grundsätzlich unterschieden durch das Fehlen von Fortpflanzungsfähigkeit: Noch nie hat man erlebt, daß eine große Lokomotive kleine Lokomotiven hervorgebracht hätte.

Es gehört zu den erstaunlichen Ergebnissen kybernetischer Gedankengänge, daß diese von DRIESCH versuchte Beweisführung in klarer, handfester Weise widerlegt werden konnte. Wir wissen heute, daß die Fortpflanzungsfähigkeit *nicht* geeignet ist, eine grundsätzliche Verschiedenheit der Naturgesetze im Organischen und Anorganischen zu begründen. Der verstorbene große Mathematiker J. v. NEUMANN, dem die moderne Forschung so vielseitige bahnbrechende Leistungen verdankt, hat einmal das Gedankenschema einer fortpflanzungsfähigen Maschine ausgeführt: Unter der Voraussetzung ihr vorgelegter Bauteile ist diese Maschine imstande, die Bauteile aufzugreifen und zu einer ihr völlig gleichenden »Tochtermaschine« zusammenzusetzen, die also auch ihrerseits fortpflanzungsfähig ist.

Man hat gelegentlich gegen v. NEUMANNS Konstruktionsschema der fortpflanzungsfähigen Maschine den Einwand erhoben, dieser (als theoretischer Konstruktionsplan) vorgelegte Entwurf sei doch noch der organischen Vermehrung zu unähnlich, da es ja bei der Fortpflanzung von Tieren wesentlich sei, daß die erzeugten neuen Tiere zunächst *kleiner* als die elterlichen sind, und erst durch einen Wachstumsvorgang diesen wirklich gleich werden. Es wäre jedoch nicht beweiskräftig, *hieraus* ableiten zu wollen, daß die von DRIESCH versuchte Beweisführung doch noch nicht endgültig widerlegt sei. Denn auf der niedrigsten Stufe der Lebens-Erscheinungen – bei den *Viren* – erfolgt ja die Vermehrung ganz ebenso, wie bei der NEUMANNSCHEN Maschine: Es gibt bei den Viren keine Erzeugung *kleinerer* Nachkommenschaft, und kein Wachstum dieser Nachkommen; ebenso wenig gibt es Nahrungsaufnahme oder Atmung. Sondern *alle* Lebensäußerungen sind hier zusammengefaßt zu dem einzigen Vorgang des Aufbaus eines dem ursprünglichen »Muttermolekül« gleichenden »Tochtermoleküls« aus den in der Wirtszelle vorgefundenen »Bausteinen«. Es ist also gerade das Vernünftige und Überzeugende, daß der kybernetische Nachvollzug der Fortpflanzung zunächst einmal diese einfachste im organischen Leben auftretende Form von Vermehrung nachahmte – daß man durch nochmals kompliziertere Konstruktionen dann auch die Folgekette von Geburt, Wachstum und Tod nachahmen könnte, ist viel weniger problematisch.

Daß DRIESCH sich solche Möglichkeiten noch nicht vorstellen konnte, beruhte darauf, daß zu seiner Zeit nur allereinfachste Maschinen bekannt waren. Erst die Kybernetik hat uns «höhere» Möglichkeiten von Maschinenkonstruktionen erschlossen, und es ist kein übertriebenes Wagnis, zu vermuten, daß in der Technik kommender Jahrhunderte die von J. v. NEUMANN erfundene fortpflanzungsfähige Maschine von weitreichender praktischer Bedeutung werden dürfte. Irgendwann wird ja die Aufgabe einer Industrialisierung anderer Himmelskörper dringlich werden. Die gewaltige technische Arbeitsleistung einer Industrialisierung zum Beispiel des Mondes wird aber schwerlich durchführbar werden ohne eine breite Anwendung des Konstruktionsgedankens fortpflanzungsfähiger Maschinen.

Für unser jetziges Thema aber ist diese technische, kybernetische Möglichkeit nur dadurch wichtig, daß sie unsere Erkenntnis wesentlich vertieft: die Kybernetik in Neumanns genialer Anwendung widerlegt einen *irrigen* Versuch, naturgesetzliche Verschiedenheiten zwischen organischen und anorganischen Vorgängen nachzuweisen.

Nicht wenige begeisterte Vertreter der Kybernetik sind darüber hinausgehend überzeugt, daß die Kybernetik imstande sei, den abschließendenden Beweis für die Richtigkeit der Maschinentheorie der Organismen zu liefern – also diese Maschinentheorie aus einer Arbeitshypothese umzuwandeln in eine bewiesene Erkenntnis. Hat sich nicht erwiesen, daß kybernetische Konstruktionen immer vollkommenere Analogien zu den Funktionsweisen lebender Organismen zu verwirklichen vermögen? Ist es nicht so, daß immer leistungsfähigere Roboter geschaffen werden, mit denen wir nicht nur spezialisierte Menschenarbeit übertreffen, sondern vielleicht auch eine unbegrenzte Vervollkommnung der Nachahmung lebender Tiere erzielen könnten? Die Spur solcher Gedankengänge oder Auffassungen ist vielfältig und deutlich in der angeschwollenen Kybernetik-Literatur zu sehen – Viele meinen, daß das, was Lamettrie nur behaupten konnte, jetzt anfange, *beweisbar* zu werden.

Aber daß wir der Kybernetik so bedeutungsvolle Erkenntnisse verdanken, ist kein Grund, zu *vergessen,* daß wir in unserem Jahrhundert auch *andere* neue Erkenntnisse gewonnen haben, die unseren Einblick in die Naturgeschehnisse ungeahnt vertieft haben.

Es war ja der auffälligste, man möchte fast sagen: der erregendste Zug in der physikalischen Forschung unseres Jahrhunderts, daß sie an einer Kette bedeutungsvoller Beispiele gezeigt hat, daß *unberechtigte Verabsolutierungen* enthalten waren in manchen Urteilen oder Auffassungen, die lange Zeit als *unumstößlich* gegolten haben. Man hat die damit eingetretenen Verwandlungen oft als »revolutionär« bezeichnet; aber es handelte sich dabei *niemals* um eine Entwertung, ein »Über-Bord-Werfen« schon erreichter Ergebnisse, sondern um volle Erhaltung dieser Erkentnisse, die als Stufen zu neuen, weiter führenden benutzt wurden. Als die Europäer Amerika oder später Australien kennenlernten, fanden sie neue, bis dahin unbekannte Tier- und Pflanzenarten. Die Physik hat in unserem Jahrhundert neue, vorher unzugänglich gewesene Bereiche der Wirklichkeit erschlossen; und in *diesen* Bereichen gelten Naturgesetze, die von den früher bekannt gewesenen zum Teil sehr verschieden sind. Das ändert nichts an der Gültigkeit der »älteren« Naturgesetze *innerhalb ihrer Zuständigkeit.* So bleibt die NEWTONsche *Mechanik* von unverminderter Bedeutung für alle Bewegungen großer oder kleiner Körper, deren Geschwindigkeiten sehr klein im Vergleich zur Lichtgeschwindigkeit sind – *obwohl* uns spätere Experimente gelehrt haben, daß bei sehr schnellen (der Lichtgeschwindigkeit nahekommenden) Bewegungen *andere* Gesetze gelten – formuliert von EINSTEIN in der speziellen Relativitätstheorie, die trotz ihrer wunderbaren »Relativierung der Gleichzeitigkeit« die NEWTONsche Kinematik und Mechanik *langsamer* Bewegungen als einen »Grenzfall« in sich einschließt *und als solchen unverändert bestehen läßt.*

In ähnlicher Weise ist unwahrscheinlich, daß die Gesetze der euklidischen Geometrie noch gültig bleiben bei Dreiecken, deren Seitenlängen Milliarden von Lichtjahren betragen. Für den Weltraum im großen können wir abweichende, »nichteuklidische« geometrische Gesetze vermuten, ohne deshalb zu bezweifeln, daß für hinreichend *kleine* Dreiecke das Gesetz »Winkelsumme gleich zwei Rechte« eine *abschließende,* endgültige Erkenntnis bedeutet.

Noch um 1900 sind von namhaften Forschern begründete Zweifel vorgetragen worden betreffs der »realen Existenz« der seit zwei Jahrtausenden, seit DEMOKRIT, vermuteten *Atome.* Es war unserem Jahrhundert vorbehalten, deren reale Existenz zu beweisen. So ist also das Reich der Atome in ausgeprägter Weise ein uns bis 1900 *verschlossen* gewesenes Gebiet der Naturwirklichkeit; es ist deshalb schon beinahe als naturgemäß zu bezeichnen, daß in diesem Gebiet auch die alten Grundvorstellungen von *Körperhaftigkeit* und von *Bewegung* sich als unanwendbar erwiesen. EINSTEIN, der selber der um 1925 geschaffenen «Quantenmechanik» mit einer nie ganz überwundenen Skepsis gegenüberstand, hat trotzdem das Wesen dieser die Quantengeheimnisse enträtselnden »Matrizenmechanik« in unüberbietbarer Deutlichkeit bezeichnet: »Die FOURIER-Koeffizienten haben sich selbständig gemacht.«

Der berühmte »Dualismus von Wellen und Korpuskeln«, von dem aus ein *anderer* Weg zur Lösung des Quanten-Rätsels gebahnt worden ist (mit einem erstaunlicher Weise mit der »Matrizen-Mechanik« *übereinstimmenden Endergebnis*), ließ sogar den Grundbegriff *»Sein«* als eine Verabsolutierung erkennen, die wir im Umgang mit »mikrophysikalischen«, quantenphysikalischen Objekten nicht mehr aufrecht erhalten können. Wir dürfen gar nicht fragen, ob ein Lichtstrahl oder Kathodenstrahl Wellenvorgang oder Geschoßgarbe *»ist«*; sondern wir vermögen nur festzustellen, daß der Strahl in bestimmten Experimenten die eine, in anderen Experimenten die andere dieser »komplementären« Eigenschaften *erscheinen läßt.*

Die tiefste Wurzel der merkwürdigen Abweichungen der »Mikrophysik« von allen früher bekannt gewordenen physikalischen Naturgesetzen liegt eigentlich darin, daß wir es hier mit *unstetigem* Geschehen – mit *sprunghaftem* Geschehen zu tun haben: Bekanntlich hat uns PLANCK das Tor geöffnet zu dieser wunderbaren Erkenntnis. Beispiel eines solchen »Quantensprunges« ist der Zerfall eines radioaktiven Atomkerns – ein Vorgang, der ausdrücklich *spontan* erfolgt, und der ein unteilbarer, nicht in unterscheidbare Teilvorgänge zerlegbarer Vorgang ist. Als DEMOKRIT sich unteilbare letzte Bausteine der Materie vorstellte, erfaßte er nur ein erstes Stück dieser Wahrheit – die Fortentwicklung der

Planckschen Quantentheorie zur Quantentheorie der Wellenfelder hat gezeigt, daß auch die Existenz von Elementarteilchen eine abgeleitete Folgerung ist aus der Grundtatsache der Existenz unteilbarer Vorgänge, nämlich der Quantensprünge. Für diese aber gibt es nur noch eine *statistische* Vorausbestimmung: Es wäre nicht einmal vorstellbar, wie eine die einzelnen, individuellen Quantensprünge zwangsläufig vorausbestimmende Naturgesetzlichkeit überhaupt aussehen könnte. Zwar ergibt sich für ein *großes Kollektiv* gleicher radioaktiver Atome eine zwangsläufige Vorausbestimmung des »Abklingens« in zahlreichen sprunghaften Zerfallsvorgängen. Aber bei Betrachtung eines *einzelnen* Radium-Atoms ist es *grundsätzlich* unmöglich, eine Voraussage für den Zeitpunkt seines Zerfalls zu erlangen. Wenn Heisenberg davon gesprochen hat, daß die Quantenphysik die *»definitive Widerlegung* des Kausalitätsprinzips erbracht« habe, so ist auch in diesem Fall keineswegs etwa die Gültigkeit kausaler, determinierender Gesetzlichkeit nachträglich bezweifelt oder verneint für *diejenigen* Beispiele (nämlich für die gesamte, nur mit stetig veränderlichen Größen rechnende »Makrophysik«), für welche das Vorhandensein kausaler physikalischer Gesetze durch frühere Forschungen *bewiesen* worden war – das einmal Bewiesene bleibt auch in diesem Fall unangefochten. Aber falsch wäre es, dem Kausalgesetz eine *Verabsolutierung* zu geben, die für das erst in unserem Jahrhundert erschlossene Gebiet der Mikrophysik behaupten wollte, es *müsse* auch hier irgendwie eine Kausalität geben. Sondern die Quantenphysik beweist uns die reale Existenz indeterminierter unteilbarer Einzelakte ebenso, wie die Atomphysik die reale Existenz der Atome bewiesen hat.

III

Damit entfällt aber auch die Möglichkeit, die Maschinentheorie der Organismen zu rechtfertigen durch die Behauptung, nur in dieser Form könne das organische Leben der *Naturgesetzlichkeit* eingeordnet sein. Diese Behauptung wäre nur dann berechtigt, wenn die biologischen Vorgänge als rein *makrophysikalisch* gelten könnten; und das kann nicht bewiesen werden, weil es *nicht richtig ist.*

Dies wird klargestellt durch einen Satz, den STAUDINGER, der bahnbrechende Erforscher der Riesenmoleküle, ausgesprochen hat. Er sagte in bezug auf die Materie organischer Gebilde: *»Bis zum Molekül hinunter ist alles durchstrukturiert«.*

Wir müssen diesen Satz etwas durchdenken, um aus seinem zunächst so unscheinbaren Wortlaut herauszuholen, was damit gesagt ist. Tatsächlich handelt es sich hierbei um nicht weniger, als um die erstmalige naturwissenschaftliche *Kennzeichnung* des Organischen in seiner Verschiedenheit von allem Anorganischen: Was DRIESCH versucht, aber verfehlt hat, das ist STAUDINGER gelungen. Stellen wir uns ein Gefäß mit hochgradig reinem Wasser vor: Es handelt sich – abgesehen von der durch die Gefäßform gegebenen Begrenzung – um eine völlig gleichmäßige, scheinbar strukturlose Flüssigkeit. Nur wenn wir unsere Beobachtungsmethoden (die Physik unseres eigenen Jahrhunderts benutzend) so weit verschärfen, daß wir einzelne Atome erkennen können, merken wir, daß es sich um ein riesiges Kollektiv von Molekülen H_2O handelt. Vor 1900 konnte man nur *vermuten* (oder im Gegenteil kritisch bezweifeln), daß es diesen atomistischen Feinbau in der Materie des Wassers gibt. (Genauer gesagt, gibt es im Anschluß an den molekularen Feinbau noch übergeordnete Polymerisations-Strukturen im flüssigen Wasser, die jedoch ebenfalls innerhalb mikrophysikalischer Größenordnung bleiben, und keineswegs unterste Stufen einer bis ins Makroskopische reichenden Strukturierung – wie im Organischen – bilden.)

Betrachten wir jetzt eine Taschenuhr, so können wir sie auseinandernehmen, sie in homogene Materie-Stücke zerlegend: Verschiedene Metall-Stücke, etwas Glas, etwas Öl, vielleicht einige Rubinen bleiben übrig. Es ist kennzeichnend für alle Gebilde der anorganischen Natur, daß sie sich (mindestens in Gedanken) zerlegen lassen in Stücke homogener Materie, welche ihrerseits noch durchaus *makroskopisch* sind. (Auch feinkörniger Granit oder der mikrokristalline Bau von Metall-Stücken bilden hier keinen Einwand, den man nicht leicht durch etwas ausführlichere Formulierung unserer Aussage ausschalten könnte).

Bei organischer Materie hingegen mag uns die Betrachtung mit dem unbewaffneten Auge eine Muskelfaser noch als homogen, unstrukturiert erscheinen lassen – sie zeigt in Wahrheit einen höchst verwickelten Feinbau, sobald wir daran gehen, sie mit Lupen, Lichtmikroskopen, Ultraviolettmikroskopen, Elektronenmikroskopen zu besehen. Jede neue Vergrößerungsstufe läßt uns neue Feinheiten des Aufbaus erkennen. Es ist also unmöglich, diese organische Materie zu zerpflücken in Teilstücke, die sich als makrophysikalisch-homogen erweisen würden. Ein Versuch, dies durchzusetzen, würde bis zu einer Zerlegung in Moleküle führen. Das ist eine wirkliche, naturwissenschaftlich definierte Verschiedenheit organischer und anorganischer Materie.

Als STAUDINGER seine bedeutungsvolle Erkenntnis formulierte, hatte zwar die Mikro-Biologie schon eine breite Unterlage für die empirische Stützung des STAUDINGERschen Satzes geschaffen. Jedoch muß ausgesprochen werden, daß *vor* der Schaffung der *Elektronen-Mikroskope* die Berechtigung dieses Satzes noch weit davon entfernt war, empirisch voll begründbar zu sein: Man hat damals noch vielfach die Vorstellung als berechtigt angesehen, daß die lebende Zelle außer dem Kern im wesentlichen nur das zwar »kolloidale«, aber sonst weitgehend *strukturlose* »Plasma« enthalte. Dem »Auflösungsvermögen« des gewöhnlichen Lichtmikroskops sind grundsätzliche Grenzen gezogen durch die verhältnismäßig großen *Wellenlängen* des sichtbaren Lichtes (0,36 bis 0,78 μ): Gegenstände oder Strukturelemente, die *kleiner* als diese Wellenlängen sind, können nicht mehr mikroskopisch abgebildet werden. Man kann noch etwas weiter kommen durch Benutzung ultravioletten statt sichtbaren Lichtes, oder durch andere Kunstgriffe; z. B. die in der Kolloidforschung viel benutzte Ultramikroskopie, die auf gestalttreue Abbildung verzichtet, aber wenigstens noch das *Vorhandensein* sehr kleiner Teilchen festzustellen und diese zu zählen oder in ihrer Bewegung zu beobachten erlaubt.

Polarisationsmikroskopie und Floureszenzmikroskopie sind zu nennen als weitere instrumentelle Methoden, die es erlaubt haben, über die Leistungsgrenzen normaler Lichtmikroskope hinauszukommen und Strukturfeinheiten zu entdecken, die vorher nicht zu erkennen waren. Aber erst die Schaffung der Elektronenmikroskopie hat der Biologie noch einmal die Erschließung eines ganzen Reiches zuvor unbekannten Feinbaus ermöglicht. FREY-WYSSLING, der als Pionier dieses Eindringens in die »submikroskopischen«, *ohne* Elektronenmikroskopie nicht erkennbaren Feinheiten der Zellstrukturen gewirkt hat, war sich der *grundsätzlichen* Bedeutsamkeit seiner Entdeckungen durchaus bewußt. Schon im vorigen Jahrhundert hatte man die Bedeutung der »Zellen« als Bausteine alles Biologischen betont in einer berühmten Formulierung, nach welcher jede *Zelle* nur aus einer *anderen Zelle* entstehen kann. Ähnlich formulierte FREY-WYSSLING, daß im Naturgeschehen Strukturen biologischer Art nur aus anderen biologischen Strukturen entstehen könnten. So wurde die von *Staudinger* gekennzeichnete Eigentümlichkeit biologischen Feinbaus als das entscheidende Merkmal, der entscheidende Unterschied organischer statt anorganischer Naturgebilde anerkannt. Da das Erkennungsvermögen der Elektronenmikroskope bis zu einzelnen Molekülen hinunter reicht, wird STAUDINGERS These durch die Elektronenmikroskopie in *vollem Umfang* als zutreffend erkannt: »Bis zum Molekül hinunter ...«.

Damit ist auch endgültig gezeigt, daß das organische Leben nicht einfach zu den Erscheinungen der *Makrophysik* gehört. Obwohl es weitgehend ins Makrophysikalische hereinreicht und – auf der höchsten Ebene technischer Intelligenz – mit seinen bewußt zweckmäßigen, zielgerichteten Handlungen die ganze Fülle kausaler Beziehungen seinen Absichten dienstbar macht, bleibt es doch in der Freiheit seiner Entscheidungen im Undeterminierten des Quantengeschehens verwurzelt.

Der Verfasser dieses Buches hat seit 1932 die These vertreten, daß insbesondere die *Gene* der Keimzellen-Chromosome als *Einzelmoleküle* anzusehen seien, so daß ihre Veränderungen, die

Mutationen, echte *Quantensprünge* seien. Ein unwahrscheinliches Maß emotionaler Ablehnung ist damals dieser These entgegengebracht worden. Heute, in dem von der CRICK-WATSONSCHEN Strukturaufklärung der fraglichen Einzelmoleküle beherrschten Entwicklungsabschnitt der »Molekularbiologie«, wird niemand den Unsinn erneuern wollen, der damals von meinen Kritikern behauptet worden ist; trotzdem vermeidet man es (in der Form des Schweigens), zuzugeben, daß meine inzwischen so glänzend bestätigte These das Richtige getroffen hatte. Aber es ist ja aus so vielen Beispielen der Geschichte der Naturforschung bekannt, daß neue Gedanken, die ein Umdenken nötig machen, häufig mehr mit Verdammung als mit Anerkennung aufgenommen werden. Das haben zum Teil auch die Großen der Naturforschung erfahren müssen – EINSTEIN nicht weniger als GALILEI.

Zur Feststellung der monomolekularen Natur der Gene ist ferner nach anderen »treffertheoretischen« Untersuchungen der Biophysik hinzuzufügen, daß wenige in einer (dunkel-adaptierten) menschlichen Netzhaut absorbierte Lichtquanten imstande sind, eine Lichtempfindung im Bewußtsein zu ergeben; wiederum sehen wir klar, daß makrophysikalische Begriffe nur die *gröberen* Reaktionen lebender Organismen erfassen können. Für gewisse Insektenaugen konnte gezeigt werden, daß sogar *ein einziges* darin absorbiertes Lichtquant eine Reaktion des Tieres auslösen kann.

IV

Damit verflüchtigt sich zwar die Hoffnung, aus der Kybernetik endlich Beweise für die Maschinentheorie der Organismen ableiten zu können. Aber der positive Wert der Kybernetik für unser grundsätzliches Verstehen der Naturerscheinungen wird nicht geringer, sondern gewichtiger, wenn wir in Verknüpfung mit quantenphysikalischer Erkenntnis die Bedeutung der Kybernetik *richtig* sehen. Die ungeheure Vielfältigkeit und Leistungsfähigkeit organischer Steuerungsverhältnisse, die winzigsten Feinvorgängen mächtige (bis in die *Phylogenie* reichende) Auswirkungen zu geben vermögen, verstärken die Spielräume mikrophysikalischer Indeterminiertheit zu einer bis in makrophysikalische Maßstäbe reichenden *Spontaneität,* in der sich die entscheidende Verschiedenheit der organischen Naturerscheinungen von allen anorganischen zeigt.

Es ist naheliegend, folgenden Einwand zu versuchen: Bauen wir einen Roboter in solcher Weise, daß in ihm ein schwaches Radium-Präparat enthalten ist, dessen Alpha-Stahlung auf einem Leuchtschirm Szintillationen erzeugt, so können wir natürlich auch eine technische Einrichtung mit einbauen, welche bewirkt, daß der Roboter jedesmal, wenn eine Szintillation erfolgt, eine bestimmte Bewegung macht. Wäre dann nicht etwa ein Schritt der Annäherung eines technisch konstruierten Roboters an einen mit Spontaneität ausgestatteten Organismus vollzogen? Die einfachste Beantwortung dieser Frage erhalten wir, wenn wir uns wieder an die von STAUDINGER gegebene Kennzeichnung der organischen Wesen in ihrer Verschiedenheit von anorganischen Naturgebilden halten. Wir sehen dann, daß der gedachte Roboter *keine* Ähnlichkeit mit einem Organismus hat, da er ja die Eigenschaft, bis zu den einzelnen Molekülen hinunter *durchstrukturiert* zu sein, genau so wenig besitzt, wie eine Taschenuhr. Spontaneität einzelner Quantensprünge ist selbstverständlich eine *allen* Naturvorgängen zugrunde liegende Eigenschaft; aber die STAUDINGERsche »Durchstrukturierung« fehlt jedem Roboter vollkommen.

Allenfalls könnte man aus der Möglichkeit, die Reaktionen eines Roboters von den zufälligen Kernspaltungen in einem Radiumpräparat abhängig zu machen, die Folgerung zu ziehen versuchen, daß die Weiterentwicklung unseres technischen Könnens uns *schrittweise* doch an die konstruktive Verwirklichung eines echten Organismus-Modells heranzuführen vermöchte, so daß wenigstens die Zukunft des nächsten Jahrtausends es uns ermöglichen würde, echtes Leben technisch herzustellen. Aber auch das wäre ein Fehlschluß – dessen nochmalige Betrachtung von anderer Seite her wir im nächsten Kapitel durchführen wollen.

Zweifellos ist das *richtige* Verständnis der Kybernetik und ihrer Rolle im Gesamtbild der modernen Naturerkenntnis von wesentlicher Bedeutung – gerade deshalb, weil der heutige Büchermarkt geradezu *überschwemmt* ist von einer Literatur (zum Teil aus Bestsellern bestehend), die die Wahrheit genau auf den Kopf stellt, indem sie aus der Kybernetik eine neomechanistische Naturdeutung abzuleiten versucht. Dabei kommt es zu Überlegungen etwa folgender Art: Wir schreiten ja fort zur Konstruktion immer besserer, immer leistungsfähigerer Roboter – wir können beispielsweise auch *lernfähige* Roboter bauen. Hübsches und eindrucksvolles Beispiel eines lernfähigen Roboters ist eine Roboter-Maus, die – an den Eingang eines Labyrinths gesetzt, in dem ein von der Maus zu suchendes Ziel versteckt ist – in geduldigem, *planmäßigem* Ausprobieren aller möglichen Wege so lange sucht, bis sie das Ziel wirklich erreicht. Danach läuft sie, erneut an den Eingang gesetzt, auf dem *kürzesten* Wege an das Ziel – sie hat das nun *gelernt.*

Eine solche Vorführung – verblüffend für jeden mit dem Hintergrund der kybernetischen »Denk-Maschinen« nicht vertrauten Zuschauer – enthält natürlich in Wirklichkeit gar nichts Wunderbares. Denn nicht die kybernetische Denkmaschine, zum Beispiel eine lernende Roboter-Maus, ist zu bewundern, sondern der *menschliche Geist* ist zu bewundern, der (unter *anderem*) die Kybernetik zu schaffen vermochte. Die »lernende« Maschine enthält nichts, als eine *Vielzahl* von sich wechselseitig ein- und ausschaltenden elektrischen Stromelementen, zusammengeschaltet nach dem Grundgedanken des großen Leibniz: Genau so, wie man Rechenvorgänge grundsätzlich durch Maschinen ausführen lassen kann, so kann man auch die aus einer »Information« zu ziehenden *logischen Folgerungen* durch geeignete Maschinen ausarbeiten lassen. Und da man einer Maschine auch ein »Gedächtnis« geben kann, indem man etwa die Informationen, die erinnert werden sollen, mit Morse-Zeichen auf ein Telegraphenband aufzeichnen läßt, kann man die Maschine etwas *lernen* lassen – das heißt ihr Informationen *eingeben* (beispielsweise in der Form, daß man sie die möglichen Wege in einem Labyrinth *ausprobie-*

ren läßt). Natürlich ist das oben gedachte Telegraphenband auch nur eine auf das Grundsätzliche zielende *Erläuterung* der Sache; in der technischen Verwirklichung muß man das »Gedächtnis« eines Computers ganz anders anlegen, um zu erreichen, daß die *zahllosen* Einzelschritte in der Arbeit der Rechen- oder Denkanlage mit äußerster Schnelligkeit abrollen können, wozu in raffinierter Weise ein sicheres und sehr schnelles Auffinden benötigter Gedächtnisinhalte ermöglicht werden muß. Was wir uns verdeutlichen wollten, ist nur, daß *alle* »elektrischen Gehirne« immer nur den LEIBNIZschen Grundgedanken in komplizierten Steigerungen wiederholen.

Dabei ist es wichtig, den Begriff »Information« in seiner genauen Bedeutung zu verstehen – gewissermaßen in seiner vollen Nacktheit oder in seiner Gerippe-artigen *Inhaltsarmut*. Jederlei Information ist auflösbar in ein System von Frage-Beantwortungen, wobei jede *einzelne* der Fragen mit »ja« oder »nein« zu beantworten ist. Man kann also – nach Verabredung eines geeigneten Systems der *Numerierung* verschiedener Informationen – jede überhaupt denkbare Information durch Angabe einer bestimmten *Zahl* ausdrücken. Der dümmste Irrtum, dem man verfallen könnte, wäre der, zu meinen, menschliche *Sprache* hätte *keine anderen Aufgaben*, als die Informationsübermittlung. Dasjenige, was GOETHES »Über allen Gipfeln ist Ruh« uns »sagt«, ist *nicht* in bloße Information aufzulösen. Und obwohl Informationen und ihre Übermittlung und maschinelle Verarbeitung für die moderne Arbeitswelt der Technik und Wirtschaft von höchster Bedeutung sind, so läßt sich ein Text menschlicher Sprache nur dann *restlos* in die »Computersprache« *übersetzen*, wenn sein eigentlich menschlicher, geistig-seelischer Inhalt genau gleich Null ist. Trotzdem kann man selbstverständlich in einer Information volle Auskunft darüber geben, welche Buchstaben, Zwischenräume, Schreibzeichen usw. in dem genannten Gedicht GOETHES vorkommen und in welcher Reihenfolge – das ist ja die Grundlage auch dafür, daß man das Gedicht drucken oder telegraphisch übermitteln kann.

Jeder menschlich konstruierte Roboter ist ein rein makrophysikalisches Gebilde – eben deshalb, weil er von Menschen technisch konstruiert ist. Weder Fortpflanzungsfähigkeit noch Lernfähigkeit verringert seinen Abstand von den nach STAUDINGER eben *nicht*-makrophysikalischen Organismen.

Die Möglichkeit, mancherlei »geistige« Tätigkeiten durch makrophysikalische Maschinen nachahmen zu lassen, liefert somit nicht den geringsten Beitrag zu einem Nachweis dafür, daß auch der lebende Mensch eine Maschine, ein kausal determiniertes Gebilde sei. Hat sich ein Mensch *entschlossen,* eine bestimmte Rechnung auszuführen, so hat er freilich in der Durchführung dieser Rechnung ebensowenig Spontaneität oder Willensfreiheit anzuwenden, wie eine mit der gleichen Rechenaufgabe beauftragte Rechenanlage: Während der Ausführung der Rechnung würde ja ein Mitspielen von Willensfreiheit (Abgesehen von der vielleicht anstrengenden *Aufrechterhaltung* des Entschlusses zu dieser Arbeit) einen *Rechenfehler* ergeben. Durch Maschinen nachahmbar sind also genau diejenigen Tätigkeiten des Menschen, in denen er selber auf seine Freiheit verzichtet und sich der eindeutigen Vorschrift eines zwingenden Schemas unterwirft.

Kapitel 3

Die Zahl $\Omega_0 = 2^{10\,000}$

I

Bekanntlich gebrauchen Mathematiker und Naturwissenschaftler gern eine gewisse nützliche Abkürzungsweise, wenn sie *große Zahlen* bezeichnen wollen. Um eine 1 mit einer Anzahl von Nullen dahinter anzugeben, schreibt man nicht etwa diese Nullen sämtlich einzeln hin, sondern man begnügt sich damit, die *Anzahl* der Nullen anzugeben. Diese Schreibweise kann natürlich schon dann benutzt werden, wenn es sich noch um kleine Anzahlen von Nullen handelt: Beispielsweise ist 10^2 gleich hundert, und 10^3 gleich tausend. Der volle Nutzen dieser Abkürzung zeigt sich aber erst, wenn wirklich *große* Zahlen auftauchen und es unbequem, unübersichtlich, mühsam wird, die vielen Nullen aufzuzeichnen und hernach zum Verstehen des Zahlzeichens zu zählen.

Seinerzeit in der Inflation der zwanziger Jahre sind uns die Milliarde, 10^9, und die Billion, 10^{12}, im Alltag geläufig geworden. Aber die Naturwissenschaft hat es oft mit noch viel größeren Zahlen zu tun. Wie groß ist die Anzahl der Sonnen in unserer Milchstraße? Die Antwort lautet: etwa hundert Milliarden, also 10^{11}. Wie groß ist der Durchmesser der Milchstraße in ihrer linsenförmigen oder diskusförmigen Gestalt? In Lichtjahren ausgedrückt »nur« hunderttausend, also 10^5. Aber wie groß ist ein Lichtjahr, wenn wir es als Vielfaches von einem Zentimeter angeben wollen? Antwort: 10^{18}.

Wieviel Atome sind in der Sonne enthalten? Abgerundet etwa 10^{57}. Wieviel Atome enthält ein menschlicher Körper? Etwa 10^{28}. Diese Zahlen sind natürlich zum Teil deshalb so groß, weil die Masse eines einzelnen Atoms so winzig ist. Aber auch in Gramm gemessen, ist die Masse der Sonne natürlich gewaltig – abgerundet 2.10^{33}; oder 2.10^{27} Tonnen. Die Erde wiegt abgerundet 6.10^{21} Tonnen.

Die Erde ist etwa 5 Milliarden Jahre alt. Wie groß ist also ihr Alter in Sekunden? Etwa 2.10^{17}.

Giordano Bruno hat ja in rauschhafter Begeisterung verkündet, daß der Weltraum unendlich sei, unendlich viele Sterne enthaltend. Er würde also auch unendliche Massen, unendlich viele Atome enthalten. Aber obwohl dies bis in unser Jahrhundert herein als der unabänderliche, a priori gegebene Vorstellungsrahmen alles astronomischen Denkens angesehen wurde, urteilt die moderne Kosmologie ganz anders. Für sie ist die Frage eines unendlichen oder im Gegenteil endlichen Weltraums in keiner Weise eine Frage bloßen Nachdenkens, die durch philosophische Besinnung a priori entschieden werden könnte. Sondern wir sehen hier eine Aufgabe der *empirischen Forschung*, in Angriff zu nehmen durch die komplizierten riesigen Präzisionsinstrumente der Astronomie: Fernrohre, Radargeräte und so weiter. Es kann keine Rede davon sein, daß uns von vornherein keine andere Denkmöglichkeit gegeben wäre, als diejenige einer Unendlichkeit des Weltraums – ebenso denkbar (und ebenso einfach, oder sogar noch einfacher) ist die Möglichkeit, daß unser Raum das dreidimensionale Analogon einer zweidimensionalen Kugeloberfläche wäre – gleich ihr trotz Unbegrenztheit dennoch durchaus endlich.

Freilich ist der Weltraum bestimmt ungeheuer groß. Das größte Fernrohr der Erde, auf dem Mount Palomar in Kalifornien, vermag fremde Milchstraßen, die zwei Milliarden Lichtjahre von uns entfernt sind, noch als winzige, aber klar erkennbare Lichtflecke auf die Photoplatte zu bekommen. Aber seit kurzer Zeit vermögen unsere Instrumente die Netze unserer Beobachtung, unserer Fischzüge nach äußerst weit entfernten Naturgebilden, noch fünfmal weiter hinaus zu werfen: Bis zu zehn Milliarden Lichtjahren Entfernung hin sind gewisse Milchstraßen besonderer, seltener, erst kürzlich entdeckter Art (»Quasars«) noch erfaßbar. Sie sind durch ungeheure Leuchtkräfte ausgezeichnet – gewissermaßen als riesige Leuchttürme des Weltalls den Raum durch ungeheure Weiten erhellend. Der unserer Erforschung zugängliche Teil des Weltraums ist durch die neuen Entdeckungen auf etwa 10^{84} Kubikzentimeter vergrößert worden. Er enthält mindestens 10^{54} Gramm Materie.

Das *Zentimeter* ist ja aber eine willkürlich, konventionell gewählte Längeneinheit, und wir tun besser, wenn wir die Natur in ihren eigenen Maßstäben zu messen versuchen. So können wir z. B. den *Durchmesser eines Elektrons* als eine »natürliche« Längeneinheit gebrauchen – statt »ein Zentimeter« müssen wir dann freilich sagen: 10^{13} (bis 10^{14}) Elektronendurchmesser.

Die Entdeckungen der letzten Jahre haben zwar noch keine *Entscheidung* über Unendlichkeit oder Endlichkeit des Weltraums erbracht, aber doch im Streit der Meinungen der Sache des endlichen Weltraums sehr erhöhte Aussichten gegeben. Vielleicht ist der Weltraum als Ganzes nur noch um *einige* »Zehnerpotenzen« größer als die erwähnte Größe des jetzt erforschbaren Raumgebietes (von 10^{84} Kubikzentimetern), mit nur *etwas* mehr als 84 Nullen; zum Beispiel mit 86. Der »Krümmungsradius« dieses Weltraums würde dann etwa 10^{40} Elektronendurchmesser lang sein. Denken wir uns aber den Gesamtraum in kleine Teilstükke, kleine Zellen von der Größe eines Elektrons eingeteilt, so werden das jedenfalls mehr als 10^{120} Zellen. Da die Materie durchschnittlich nur ungeheuer dünn im Weltraum vorhanden ist, so ist die Anzahl der insgesamt vorhandenen Atome sehr viel kleiner, als die soeben angegebene Zahl. Aber sie ist immerhin doch stattlich: Bestimmt größer als 10^{80}.

II

Es war der Zweck der voranstehenden Bemerkungen, daß wir uns ein »Gefühl« davon verschaffen, mit welchen gewaltigen Zahlen die Kosmologie es zu tun hat, wenn sie das Weltall im Maßstab der Atomphysik beschreibt. Aber die *Biologie* gibt uns Veranlassung, auf Zahlen hinzuweisen, denen gegenüber die oben erwähnten durchweg noch von unvorstellbarer Winzigkeit sind.

Man kommt auf die jetzt gemeinten Zahlen zwangsläufig durch folgende Erwägung. Die mit der genaueren Ausbildung der biologischen Entwicklungslehre beschäftigten Forscher haben sich vielfach gestritten über eine grundsätzliche Frage: Kann man die historische Entfaltung des organischen Lebens auf der Erde wirklich so verstehen, wie es für eine dogmatisch materialistische Betrachtungsweise vorgeschrieben ist, nämlich als Ergebnis des Zusammenwirkens von *ungerichteten* Mutationen mit der Selektion? Gegen diese der materialistischen Denkweise entsprechende Vorstellung ist wiederholt eingewandt worden, daß die Zeitspannen der phylogenetischen Geschichte, wenn sie auch Jahrmillionen umfassen, doch zu klein erscheinen, um glaubhaft zu machen, daß zufällig-ungerichtete Mutationen zusammen mit bloßer Selektion ausgereicht hätten, die Fülle verschiedenartiger Gestaltungen in Tier- und Pflanzenwelt hervorzubringen – man würde vielleicht zugeben können, daß im Laufe *viel größerer* Zeiten zum Beispiel ein Vorgang wie der der (im Tertiär erfolgten) Entstehung der vielen ausgestorbenen Elefantenarten aus den Zufällen von Mutation und Selektion glaubhafterweise hätte erfolgen können. Aber daß dies alles geschehen ist innerhalb der vergleichsweise kurzen Zeit von weniger als 60 Millionen Jahren – also in einem Vorgang von gleichsam explosiver Art – das ist von verschiedenen Verfassern doch als ein Anzeichen dafür bewertet worden, daß der statistische Zufall allein als Erklärungsgrundlage nicht ausreichend sei. Man braucht sich noch keineswegs auf religiöse Vorstellungen einzulassen, um zu betonen, daß die reine Zufallstheorie wissenschaftlich nicht ausreichend scheint, die gegebenen Tatsachen verständlich zu machen, sondern irgendwelche Hypothesen fordern, die einer Zielstrebigkeit oder Gerichtetheit in der Entwicklung Raum geben.

Ich lese gerade in Heisenbergs neuem Buch »Der Teil und das Ganze«, daß auch mein verstorbener Freund J. v. Neumann – der erwähnte berühmte Mathematiker – Zufall und Selektion als ausreichende Erklärung der organischen erdgeschichtlichen Entwicklung bezweifelt hat. Mein verewigter Freund Wolfgang Pauli – nach allgemeinem Urteil der Sachkundigen gehörte er zu den bedeutendsten Physikern dieses Jahrhunderts – schrieb mir einmal am 14.7.1954: »Ich bin ganz von der starken Begrenzung der Tragweite des Begriffes ›Selektion‹ überzeugt. Aber wie es wirklich ist, weiß ich nicht.«

In längeren Ausführungen über seine Beurteilung biologischer Grundfragen hatte er mir am 19. 5. 1954 geschrieben:

»Im Ganzen stößt man bei der biologischen Evolution sehr stark auf die *prinzipielle Beschränkung der naturwissenschaftlichen Betrachtungsweise: daß sie nur das Reproduzierbare* (einschließlich des sich selbst Reproduzierenden) *erfassen kann.* – Etwas historisch-einmaliges *kann* den *Naturwissenschaften* nicht zugänglich sein – wohl aber der Natur.«

Dem besprochenen Einwand gegen die »Allmacht der Selektion« haben nun die Verfechter der reinen Zufallstheorie (so wollen wir kurz sagen, um die Theorie der Entwicklung aus ungerichteten Mutationen und nachfolgender Selektion zu bezeichnen) einen Gegeneinwand gegenübergestellt, der folgendermaßen lautet: Jede Tierart hat in ihren Keimzellen eine beträchtliche Zahl verschiedener Erbanlagen, und jede einzelne dieser Anlagen kann Mutationen erleiden, also Veränderungen, die dann einem aus dieser Keimzelle entstehenden Lebewesen irgendeine Änderung seiner »phänotypischen« Eigenschaften im Vergleich zu denen aufprägen, die andernfalls – *ohne* diese Mutation – zustandegekommen wären. Die aufgrund dieser Tatsache zu errechnende Anzahl mathematisch möglicher Mutationen ist so ungeheuer groß, daß sie (trotz des bekannten Überwiegens negativer, schädlicher Mutationen) der Selektion genügend Auswahlmöglichkeiten zur Verfügung stellt für erhebliche positive Entwicklungen.

Wir wollen diesen Gegeneinwand prüfen. Dabei soll es sich zunächst ausschließlich darum handeln, zu klären, ob dieser Gegeneinwand als solcher einen Beitrag zur Förderung des Problems bringt. Wenn wir tatsächlich zur entschiedenen Verneinung dieser Frage kommen, so ist damit noch keineswegs etwas Endgültiges über das große Sachproblem »zufälliger« oder »gerichteter« Entwicklung gesagt.

Machen wir uns jetzt ein ganz grobes Modell: Wir denken uns als die betrachtete Tierart etwa die kleine Taufliege Drosophila, von der man weiß, daß sie nicht viel weniger als 10 000 verschiedene, unabhängige Erbanlagen hat. Stellen wir uns vor, daß jede dieser Erbanlagen die Möglichkeit habe, in zwei verschiedenen Formen (»Allelen«) aufzutreten – das ist eine *gewaltige* Vereinfachung. Denn in Wirklichkeit ist jede einzelne Anlage befähigt, in einer größeren Anzahl verschiedener Formen aufzutreten, die wir jetzt also, um den für den obigen Gegeneinwand günstigsten Fall anzunehmen, vereinfachend auf nur zwei hinunterdrücken. Ferner lassen wir ganz außer acht, daß es auch noch eine Fülle anderer Möglichkeiten von Mutationen (»Chromosomen-Mutationen«) gibt – ihre Mitberücksichtigung würde die Anzahl denkbarer, theoretisch möglicher Drosophila-Mutationen noch einmal gewaltig erhöhen. In diesem ungeheuer vereinfachten Modell einer Drosophila-Fliege und ihrer möglichen »Mutanten« haben wir dann genau $2^{10\,000}$ verschiedene Mutanten, also eben diejenige Zahl, die wir – da wir sie jetzt öfter erwähnen müssen – schon in der Kapitel-Überschrift abkürzend als Ω_0 bezeichnet haben. (Zur Erläuterung: $2^{10\,000}$ bedeutet diejenige Zahl, die sich ergibt als *Produkt* von 10 000 Faktoren 2.2.2. ...).

Aus diesem Ergebnis folgt, daß der obige Gegeneinwand, welcher die »Zufallstheorie« der Entwicklung unterstützen soll, völlig verfehlt ist; und zwar deshalb, weil diese Mindestzahl theoretisch denkbarer Mutanten *überhaupt nichts zu tun hat* mit der Zahl derjenigen Mutanten, welche im Laufe der Erdgeschichte irgendwann einmal *wirklich aufgetreten* und somit im Spiel der Selektion und Evolution wirksam gewesen sind. Phylogenetisch Mitwirkende waren ja nicht alle diejenigen Mutanten, die wir uns theoretisch ausdenken könnten, sondern nur diejenigen, die irgendwann in der Erdgeschichte real vertreten waren – mindestens in *einem* Exemplar. (Sie mußten sogar in zahlreichen Exemplaren vorgekommen sein, um in der Art-Entwicklung eine Rolle zu spielen – aber davon können wir jetzt sogar absehen.) Die in unserem (bereits so einscheidend vereinfachten, also zu einer noch *viel* zu kleinen theoretischen Mutanten-Anzahl führenden) Modell auftretende Zahl Ω_0 ist nun geradezu in einem ungeheuerlichen Maße größer als die Gesamtzahl von Drosophila-Fliegen, die jemals im Laufe der Erdgeschichte gelebt haben können: Die riesige Größe der Zahl Ω_0, aus welcher Folgerungen zugunsten der Zufallstheorie der Entwicklung abgleitet werden sollen, hat also mit dem wirklichen naturwissenschaftlichen Problem überhaupt nichts zu tun. Es ist nicht reizlos, sich dies etwas genauer auszumalen.

Stellen wir uns einmal vor, daß wir die Absicht hätten, ein vollständiges *Museum* aller theoretisch möglichen Mutanten, in der Anzahl Ω_0, zusammenzustellen. Wir wollen ganz darauf verzichten, uns schöne Schaukästen zu denken oder gar Gänge für die Museumsbesucher. Wir denken lediglich daran, daß jede Fliege des Museums einen Raumbedarf von etwa einem Kubikmillimeter hat. Nun hat der heute astronomisch erforschbare Teil des Weltraums, wie wir ihn vorhin betrachteten, unter Mitberücksichtigung der fernen »Leuchttürme« des Weltalls, einen Rauminhalt von etwa 10^{87} Kubikmillimetern; und das bedeutet, daß dieser Raum noch immer *viel* zu klein wäre, um das gedachte Museum aufzunehmen. Wenn die Theorie des endlichen Weltalls richtig sein sollte – und vieles spricht dafür –, so würde sogar der Weltraum im Ganzen nicht groß genug für das gedachte Museum sein; und die *Materie* des Weltalls würde entfernt nicht ausreichen, alle Ω_0 Mutanten zugleich materiell zu verwirklichen.

Natürlich werden die Verhältnisse in keiner Weise günstiger, wenn wir mit berücksichtigen, daß es schon seit einigen hundert Millionen Jahren Insekten gibt, und daß die Generationsdauer der Drosophila bis auf etwa eine Woche erniedrigt werden kann. Sicherlich hat es auf der Erde niemals so viele Drosophila-Fliegen gleichzeitig gegeben, daß diese die ganze Erdoberfläche voll hätten bedecken können, je ein Quadratmillimeter beanspruchend. Die Erdoberfläche hat ungefähr $5 \cdot 10^{20}$ Quadratmillimeter; in 50 mal 400 Millionen Wochen wäre insgesamt für 10^{31} Fliegen Platz auf der Erdoberfläche gewesen. Verglichen mit der Zahl Ω_0 ist das gewissermaßen ein Nichts. Denn wir können, um uns von der Größe der Zahl Ω_0 etwas wie ein Bild zu machen (oder eine ganz schwache Ahnung), darauf hinweisen, daß sie jedenfalls wegen $2^{10} = 1024$ größer (sogar *viel* größer) als 10^{3000} ist.

Fachwissenschaftlich entnehmen wir aus dieser kleinen Überlegung die Gewißheit, daß der erörterte »Gegeneinwand« keinerlei Beweiskraft hat: Er ist, ganz schlicht gesagt, ein grober wissenschaftlicher Denkfehler. Darüber hinaus macht uns diese Erwägung sichtbar, daß es für menschliches Wollen und Vollbringen Grenzen gibt, die nicht nur unüberschreitbar sind, sondern auch vollkommen *außerhalb jeder Annäherungsmöglichkeit* liegen.

III

Seit einiger Zeit haben wir Erkenntnisse gewonnen, die uns das große Geheimnis des *Lebensanfangs* auf der Erde etwas weniger rätselhaft machen. Die Lufthülle unserer Erde muß in sehr frühen Zeiten – einige Milliarden von Jahren zurück – chemisch anders gewesen sein als jetzt. Sie muß aus Wasserstoffverbindungen bestanden haben, ohne den heutigen freien Sauerstoff O_2 und ohne den heutigen freien Stickstoff N_2. Es muß sich gehandelt haben um ein Gemisch von Methan CH_4, Ammoniak NH_3, Wasserdampf H_2O (und wohl auch H_2CO). Man hat nun Experimente angestellt, um zu erkunden, wie ein Gasgemisch dieser Zusammensetzung auf physikalische Einwirkungen reagiert, und man hat gefunden, daß sowohl elektrische Entladungen (Blitze) als auch Ultraviolett (wie im Sonnenlicht enthalten) in einem Gasgemisch von der Zusammensetzung der ursprünglichen Lufthülle Spuren von *Aminosäuren* bilden.

Das ist ein Hinweis, dessen Bedeutung man kaum bezweifeln kann. Aminosäuren sind die chemischen Bausteine der Eiweißstoffe: Wir werden schließen dürfen, daß die erste Eiweißbildung auf der Erde auf diese Weise eingeleitet worden ist – früheste Vorstufen organischen Lebens (über deren Entstehungsvorgänge damit natürlich noch gar nichts ausgesagt ist) dürften in den mit Aminosäuren angereicherten Pfützen und Sümpfen früher Zeit ihre ersten »Weiden« gefunden haben. Zweifellos sind wir dem großen Wunder der Lebensanfänge mit diesen erstaunlichen Befunden um einen wichtigen Schritt näher gekommen.

Man hört nun oft folgende Meinung: »Nachdem wir derart den ersten Anfang (richtiger: die erste Vorbereitung) der Geschichte des Lebens verstanden und diesen Schritt experimentell nachvollzogen haben, werden wir in absehbarer Zeit auch dazu kommen, eine ganze lebende Zelle künstlich herzustellen.« Dieser These folgt dann gewöhnlich ein »Also...«, wobei an der Stelle der Punkte irgendeine der emotionalen Bewertungsparolen für Welt, Natur, Mensch und Schöpfer nach dem bekannten Schema materialistischer Weltanschauung zu folgen pflegt.

Apologetische, auf die Zurückweisung materialistischer Beurteilung zielende Versicherungen – des Inhalts etwa, daß es trotzdem unmöglich sei, die Schaffung von Leben aus Totem experimentell nachzuahmen – haben einen schweren Stand, und zwar *deshalb,* weil sie wahrscheinlich wirklich unzutreffend sind, sofern sie nicht eine bislang stets unterlassene Hinzufügung erfahren. Naturwissenschaftlich ist uns nichts bekannt, was die Möglichkeit eines solchen Experimentes grundsätzlich ausschließen könnte; sachlich ist es sehr wahrscheinlich, daß seine *Denkbarkeit* anerkannt werden muß. Trotzdem ist in einer *anderen* Weise die aus der materialistischen Auffassung abgeleitete Hoffnung auf Experimente der künstlichen Lebenserzeugung falsch. Falsch nämlich ist die in obiger These enthaltene Angabe: *»in absehbarer Zeit«.*

In der realen Geschichte des organischen Lebens auf der Erde hat die Entwicklung von ersten Aminosäuren bis zur ersten Amöbe (beispielsweise) vermutlich nicht weniger als vielleicht eine Milliarde Jahre beansprucht. Die Vermutung »in absehbarer Zeit« hat einen Sinn, den man *ungefähr* so ausdrücken könnte, daß noch zwei bis drei Generationen der Menschheit sich mit weiterer Forschungsarbeit beschäftigen müssen und daß dann das fragliche Experiment von einer Forschungsgruppe innerhalb einiger Jahre durchzuführen sein wird. Das ist aber zweifellos eine völlig falsche Prognose.

Selbstverständlich ist die Amöbe *viel* einfacher, als eine Fliege mit ihren 10 000 verschiedenen Erbanlagen. Aber wir haben ja, als wir oben die Zahl Ω_0 berechneten, ein mit gröbster Gewaltsamkeit vereinfachtes Modell benutzt, um unser Ω_0 von vornherein so zu verkleinern, daß wir noch einen leicht angebbaren Ausdruck für diese Zahl bekamen. In Wahrheit wäre die Anzahl der möglichen Mutanten einer Drosophilafliege nicht gleich Ω_0, sondern so groß, daß selbst Ω_0 ihr gegenüber von verschwindender Winzigkeit ist. Wir haben die Zahl Ω_0 nur zu dem Zweck betrachtet, um uns zu verdeutlichen, daß die Gesamtzahl theoretisch denkbarer Drosophila-Mutanten schon deshalb, weil sie $_0\Omega$ *übersteigt,* weit jenseits aller Faßbarkeit liegt; so daß es schon gar nicht mehr nötig ist, genauer darüber nachzudenken, ob oder wie man die ungeheuerliche Anzahl dieser Mutanten hinsichtlich ihres Hinausgehens über Ω_0 kennzeichnen könnte. Es ist folglich keineswegs unerlaubt, zu vermuten, daß die Zahl der theoretisch denkbaren Amöbenmutanten immerhin in ähnlicher Weise, wie die Zahl Ω_0 oberhalb aller Vorstellungsmöglichkeiten liegt.

Es hilft nun aber nicht, zu sagen, daß wir ja nur *eine* dieser Mutanten synthetisieren wollen und daß alle anderen uns gar nichts angehen. Wenn wir uns vornehmen, ein Molekühl bestimmter Gestalt zu konstruieren, dann können wir nicht so vorgehen, als wenn wir aus Balken und Steinen (oder moderner aus Fertigteilen) ein Haus aufbauen. Es steht uns hier grundsätzlich die Tatsache entgegen, daß die Naturgesetze der »Mikrophysik« nicht kausale, sondern statistische sind; etwas übertrieben ausgedrückt bedeutet das, daß wir, statt planmäßig das gewünschte Haus bauen zu können, darauf angewiesen sind, nach statistischem Zufall zahllose Zusammenfügungen von Balken und Bausteinen zu machen und dann *auszuwählen,* welche davon unseren Wünschen nahekommen. So daß bei unserer Amöbensynthese doch die Frage nach der Gesamtzahl theoretisch denkbarer Amöben-Strukturen eine unabweisbare Rolle spielt.

Es bleibt also mindestens sehr fraglich, ob die Menschheit, wenn sie für lange Zeit alle ihre Anstrengungen auf die Synthese einer lebendigen Amöbe vereinigen wollte, mit dieser Arbeit schneller fertig werden könnte, als die Natur damit fertig geworden ist – in vermutlich etwa einer Milliarde von Jahren. Mindestens Jahrmillionen dürften für diese Arbeit erforderlich sein.

So tritt uns hier von einer neuen, im früheren Streit der Meinungen noch gar nicht erwogenen Weise eine Schranke entgegen, die unser menschliches Können ganz grundsätzlich von jenem Können unterscheidet, das wir in der Natur tätig sehen. Die theoretische Denkbarkeit einer Amöbensynthese ändert nicht das Geringste daran, daß wir Menschen sie *praktisch* niemals vollziehen können. Der fröhliche materialistische Optimismus des menschlichen Alles-machen-Könnens erweist sich als schlichter Irrtum. Dem religiösen Denken zeigt sich das *Geheimnis* als auch dort unangreifbar fortbestehend, wo rationale Erkenntnis zwar keine angebbare Grenze ihres Vordringens festzustellen hat, aber doch die uferlose Kompliziertheit der Naturtatsachen jede nachahmende »Manipulation« auf winzige Randerscheinungen begrenzt.

IV

Wir kommen von hier aus zurück auf die bei unserer Betrachtung der *Kybernetik* ausgesprochene These, daß die Möglichkeit, Roboter zu bauen, in die ein Radiumpräparat als maßgeblich mitsteuernd eingebaut ist, uns in keinerlei Weise dem Ziele näher führt, einen lebenden *Organismus* durch unsere Konstruktion nachzuahmen. Zwar würde durch das in besprochener Weise eingebaute Ra-Präparat dem so geschaffenen Roboter tatsächlich ein bestimmter Spielraum *unprognostizierbaren* Verhaltens gegeben; aber dieser Spielraum wäre eben nicht größer, als derjenige, der für ein Ra-Päparat besteht – es kämen dabei nicht einmal die grundsätzlichen in der Quantenphysik enthaltenen Erscheinungen der *Komplementarität* zur Geltung; sondern wir könnten einen ähnlichen Spielraum von *praktisch* nicht vorausberechenbarem Verhalten schon mit Anwendung eines Würfelbechers statt eines Radiumpräparats erreichen. Kennzeichnend für einen lebendigen Organismus ist also noch keineswegs die bloße Tatsache, daß die »Entscheidungen« des fraglichen Systems teilweise unvorhersehbar sind; sondern kennzeichnend ist das Vorhandensein eines ganzen Gewebes ineinandergreifender Steuerungen, deren Anzahl über Ω_0 hinausgeht, und die im einzelnen die ganze Breite der quantenphysikalischen Komplementarität entfalten.

Würden wir die Frage stellen, ob wir die Erbmasse der Drosophila-Fliege derart *manipulieren* könnten, daß daraus eine *erheblich* (bezüglich einer *beträchtlichen* Anzahl von Genen) *veränderte* Fliegenart entstände, so müßten wir bedenken, daß wir aus den Chromosomen, den »Kernschleifen«, nicht etwa ein einzelnes Gen mit der Pinzette herausnehmen, dann dies Gen in gewollter Weise abändern (zu einer ganz bestimmten seiner möglichen Mutationen veranlassen) und es hernach wieder *einsetzen* können. Sondern wir können nur die gesamte Erbmasse einer Keimzelle einer *statistischen* Einwirkung aussetzen: die Zelle etwa mit einer bestimmten chemischen Substanz überschwemmend oder sie einer bestimmten Bestrahlung unterwerfend. Diese Beeinflussung trifft aber nicht nur dasjenige *eine* Gen, dessen Veränderung wir wünschen, sondern es ruft in *jedem* Gen der ganzen Erbmasse mit bestimmter Wahrscheinlichkeit eine der zahlreichen möglichen Mutationen hervor. Es ist also erforderlich, an *zahllosen* Keimzellen die fragliche Einwirkung vorzunehmen und dann *nachzusehen*, ob unter den verschiedenen Ergebnissen auch eine zufällige Verwirklichung unseres *Wunsches* eingetreten ist. *Deshalb* ist es nicht übertrieben, zu behaupten, daß das Ziel einer bestimmten erheblichen Veränderung einer Drosophila-Erbmasse fast immer Experimente in einer weit über Ω_0 hinaus gehenden Anzahl erfordern würde.*

Diese Feststellung kann aber übertragen werden auf die Gesamtheit aller *denkbaren* Zielsetzungen in Richtung menschlicher Konstruktion oder Manipulierung von Lebendigem. Wir dürfen dem Materialisten gern zugeben, daß eine künstlich nachgeahm-

* Auf die Frage, ob Methoden der »Chromosomenchirurgie« uns grundsätzlich dem Ziele näherbringen könnten, kommen wir in Kapitel 8 zurück.

te Amöbe, *wenn* sie zustande zu bringen wäre, sich dann auch wie eine echte, lebendige Amöbe verhalten würde – *ohne* daß noch etwas »dazu-Kommendes« (etwa eine ihr eingehauchte Amöben-Seele) erforderlich wäre. Trotzdem bleibt die künstliche Schaffung von organischem Leben unmöglich *wegen der dazu erforderlichen Arbeitszeit* – die auch dann groß genug bliebe, das Alter des Kosmos als winzig erscheinen zu lassen, wenn für jeden einzelnen der auszuführenden Schritte des Experimentes nur eine Milliardstel Sekunde nötig wäre.

Die STAUDINGERsche Grundeigenschaft organischer Strukturen gibt den lebenden Organismen einen Kompliziertheitsgrad, der auch dann jede technische Nachahmung (oder erhebliche technische Veränderung) ausschließt, wenn man grundsätzlich ganz darauf verzichtet, im Sinne des »Vitalismus« dem Organischen besondere, in der anorganischen Natur nicht vorhandene Kräfte zuzuschreiben.

V

Diese, die Lieblingsträume einer neomechanistischen Naturdeutung zunichte machenden Ergebnisse nüchterner Durchdenkung dessen, was wir einerseits aus der Quantenphysik der Atome und andererseits aus der Elektronenmikroskopie der Organismen gelernt haben, muß auch dazu anregen, die oben nur flüchtig berührten kritischen Bedenken gegen eine zu optimistische Bewertung der konventionellen These »Phylogenie gleich Zufallsmutationen plus Selektion« etwas genauer zu erwägen.

Vorweg sei erwähnt, daß der Physiker W. M. ELSASSER es unternommen hat, eine von den Gedankengängen der statistischen Mechanik stark beeinflußte Betrachtung der Grundfragen der Biologie gerade von der Tatsache aus zu entwickeln*, daß die reale Individuenzahl jeder Tier- oder Pflanzenart (auch bei Summation über alle geologischen Epochen, in denen diese Art vor-

* W. M. Elsasser, Atom and Organism. A New Approach to Theoretical Biology. Princeton 1966.

handen war) *winzig* klein ist gegenüber der *denkbaren* Mannigfaltigkeit von Mutanten dieser Art. Das Wort »winzig« ist aber in diesem Zusammenhang genau so gemeint, daß es durch das Verhältnis von 1 zu Ω_0 illustriert werden könnte. Auf ELSASSER's tiefgründige Gedanken ausführlicher einzugehen, fehlt hier der Raum. Jedoch möchte ich (und habe dafür in gewissem Ausmaß ELSASSER's persönliche Zustimmung erfahren) den Inhalt dieses Kapitels meines Buches (obwohl er zeitlich früher entstanden* ist), als eine Art Kommentar oder eine Ergänzung und Konkretisierung zu seinen Überlegungen betrachten.

Es ist eine aus der Quantenmechanik zu deduzierende Folgerung, daß es – insbesondere bei komplizierteren Molekühlen – Vorgänge so geringer Wahrscheinlichkeit geben muß, daß ihre Wiederholung gar nicht so oft eintreten kann, wie es nötig wäre, um eine statistische Auszählung zu ermöglichen. In der endlichen, etwa fünf Milliarden Jahre umfassenden Erdgeschichte werden gewisse molekulare Quantensprünge wegen ihrer äußerst geringen Wahrscheinlichkeit überhaupt nur wenige Male – zum Beispiel nur ein einziges Mal – vollzogen worden sein. Kann man aber behaupten, daß solche extrem seltenen Elementarakte für das Naturgeschehen ohne wesentliche Bedeutung seien?

Bei der Beurteilung dieser Frage muß folgende Erwägung zur Vorsicht veranlassen: Die Tatsache, daß das organische Leben sich durch *Fortpflanzung* erhält, gibt Möglichkeiten für lawinenartig anschwellende Auswirkungen geringfügigster Vorgänge, sofern diese an entscheidender Stelle, nämlich in einer Keimzelle, geschehen. Denken wir uns – zunächst nur zur Klärung der in Betracht zu ziehenden logischen Möglichkeiten – eine Mutation, durch die ein organisches Individuum einen erheblichen Selektionsvorteil gegenüber den unmutierten Artgenossen gewinnt: Dann könnte infolge der grundsätzlichen Möglichkeit exponen-

* Vergl. z. B. meinen Beitrag »Der Begriff der Wahrscheinlichkeit in der Phylogenie« in: »Scientific Papers, Presented to Max Born«. Edinburgh 1953. Andererseits: Glaube, Geist, Geschichte. Festschr. f. E. Benz, Hrsg. G. Müller und W. Zeller. Leiden 1967.

tieller Vermehrung aus dieser einmal eingetretenen Mutation auch dann, wenn sie sich tatsächlich in vielen Jahrmillionen niemals wiederholen würde, eine neue Art entstehen, die vielleicht im Gesamtbilde des organischen Lebens und der Phylogenie eine merkliche Rolle zu spielen hätte.

Fälle dieser Art scheinen mir in verschiedenen Beispielen empirisch gegeben. Einige davon sind in meinem erwähnten Aufsatz kurz besprochen. Nur eines davon sei auch hier erwähnt:

Die Grasart Spartina Townsendii wurde 1870 an einem einzigen Ort in Südengland entdeckt.* Bald danach wurde eine rasche Ausbreitung berichtet. Sie bedeckte 1902 große Gebiete an der englischen Küste und erschien 1906 an der französischen, wonach weitere Verbreitung erfolgte. Diese Art ist entstanden auf der Grundlage einer Artkreuzung in Verbindung mit einer Chromosomenmutation in der Richtung zur Polyploidie. Der Schluß, daß diese Mutation *nur einmal* stattgefunden hat, scheint mir durch die erwähnten Tatsachen ausreichend begründet: Wäre in den letzten Jahrhunderten diese Mutation wiederholt erfolgt (mit dem Ergebnis eines Überlebens und einer Vermehrung), so wäre nicht zu begreifen, warum es nicht früher als 1870 zu der dann stattgefundenen Ausbreitung gekommen ist, und ferner, warum diese Ausbreitung von einem einzelnen Orte aus erfolgt ist und nicht auch von anderen Entstehungszentren, die dann sicher zu beobachten gewesen wären.

Mit diesem Beispiel ist sicherlich noch nicht eine Entscheidung erzielt, die Antwort geben könnte auf die obige Frage nach der Phylogenie, zum Beispiel der Elefantenarten. Wohl aber scheint mir (unter Mitberücksichtigung anderer Beispiele) die Behauptung wahrscheinlich richtig zu sein, daß auch das biologische Großgeschehen der Phylogenie wesentlich durch *historisch einmalige Quantensprünge* beeinflußt worden ist.

---

* Vergl. Dobshanski, Th.: Genetics and the Origin of Species. 2. Aufl., 4. Nachdruck, New York 1949, S. 239 f.

VI

Als Kinder neckten wir uns manchmal: »Du bist so dumm, du kannst nicht bis drei zählen«. Von manchen, heute Sensationen auslösenden Superspezialisten, die die Menschheit mit »Manipulation des Keimplasmas« nicht etwa retten, sondern »durch Besseres ersetzen« möchten, könnte man sagen: sie sind so superspezialisiert, daß sie aus ihrer Fähigkeit, weit über Drei hinaus zu zählen, auch die Fähigkeit ableiten, $2^{10\,000}$ Einzelschritte eines Experimentes hintereinander durchzuführen. Sie haben leider nur noch nicht daran gedacht, welche Arbeitszeit für die Vollendung solcher Experimente nötig wäre.

Unser Weltall ist wahrscheinlich ungefähr zwölf Milliarden Jahre alt, also etwa $5 . 10^{17}$ Sekunden. Würde es gelingen, die Zeitdauer für jeden Einzelschritt der geplanten Manipulationen auf ein Milliardstel einer Sekunde herabzudrücken, so würden in der bisherigen Existenz des Weltalls – wenn mit ihrem Beginn die geplanten Experimente sogleich ins Werk gesetzt worden wären – erst $5 . 10^{26}$ Schritte des Experimentes vollzogen sein. Die noch unausgeführten Schritte würden also eine Arbeitszeit erfordern, die um einen Faktor von etwa 10^{2973} hinausginge über das bisherige Alter des Weltalls.

VII

Ob die Grundvorstellung vieler heutiger Biologen, das Zustandekommen der erdgeschichtlichen Entwicklung des organischen Lebens allein aus Zufallsmutationen und Selektion zu erklären, der Wirklichkeit gerecht wird, betrifft eine so empfindliche Stelle des naturwissenschaftlichen Weltbildes, daß ich das Bedürfnis habe, nochmals zu betonen, daß die angedeuteten Zweifel nicht etwa von mir allein gehegt werden. Gegenüber dem ungeheuren Gewicht der allgemeinen Überzeugung, die nun schon seit einem Jahrhundert von nahezu der Gesamtheit aller Naturwissenschaftler gehegt wird – nämlich der Überzeugung, daß mindestens in diesem Punkte die Lehren DARWINS und seiner Nachfolger endgültig und unanfechtbar seien – würde ich selber es kaum wagen, meine Zweifel auszusprechen, wenn nicht so viele bedeutende Naturforscher unseres Jahrhunderts solche Zweifel ebenfalls angedeutet hätten. Ich erwähne hier ergänzend zu obigen Angaben noch eine Diskussion des Themas, die im November-Heft 1967 der Zeitschrift »Scientific Research« veröffentlich ist (dort ab Seite 59). Die fragliche mehrstündige Diskussion zwischen vier Mathematikern bzw. Physikern und zwei Biologen hatte schon im Sommer 1965 in der Schweiz stattgefunden, und sie scheint mir besonders aufschlußreich, weil sie auch deutlich macht, daß die aufgetauchten Zweifelsfragen keineswegs etwa nur von *ganz wenigen* Verfassern gehegt worden, sondern ein offenbar *oft* erörtertes Thema sind; (historisch gesehen scheinen diese Zweifel bis zu DARWIN selbst zurück zu reichen) und weil sie in besonderer Klarheit und Schärfe die Probleme erörtert – mit Betrachtung lehrreicher konkreter Beispiele, wie ich sie oben als der Durchdenkung bedürftig bezeichnet habe – wobei es keineswegs darum ging, eine bestimmte Antwort zu vertreten, sondern lediglich, eine gewisse *Thematik*, einen gewissen *Fragenkreis* einer verstärkten, eindringlichen Untersuchung zu empfehlen. Die bezeichnete Diskussion – zu umfangreich, um eine eingehendere Würdigung an dieser Stelle zu erlauben (deshalb sollen auch die Namen der Beteiligten nicht aufgeführt werden), scheint mir geeignet, meine Überzeugung von der Dringlichkeit der Frage zu stützen. Natürlich führte dies Gespräch nicht zu einem einheitlichen Endurteil. Die Zeitschrift hat die grundsätzliche Bedeutung dieses Themas unterstrichen durch eine etwas »sensationell« gefaßte Überschrift: *»Heresy in the halls of biology: mathematicians question Darwinism.«*

Sicher fühle ich mich (was die wissenschaftliche Beurteilung dieses Fragenkreises betrifft) nur in etwa folgenden Thesen, die zum Teil in Kapitel 2 und 3 begründet wurden, teils auch in nachfolgenden Kapiteln wieder aufgenommen werden:

1. Die große Erkenntnis STAUDINGERS liefert die erstmalige na-

turwissenschaftliche Definition des Organisch-Lebendigen (in seiner wesentlichen Verschiedenheit vom Anorganischen).

2. In Verbindung mit der *Größe* organischer Individuen (vom Bakterium bis zum Menschen) gegenüber den Atomen ergibt sich aus STAUDINGERS Erkenntnis die Folgerung, daß die organischen Individuen Kompliziertheitsgrade besitzen, die die Anzahlen ihrer möglichen Formen (im Rahmen einer bestimmten Art) *ungeheuer* werden lassen, illustrierbar durch die Zahl Ω_0.

3. Daraus ergibt sich die Notwendigkeit tiefsinniger Überlegungen im Sinne ELSASSERS.

4. Daraus ergibt sich auch die unabänderliche Unmöglichkeit, Organisches zum Gegenstand technischer Nachahmung oder menschlicher Manipulation zu machen. (Vgl. dazu außer Kapitel 2 insbesondere Kapitel 8).

5. In Verbindung mit der »kybernetischen« Struktur des Organischen ergibt sich aus STAUDINGERS Erkenntnis und dem statistischen Charakter der quantenphysikalischen Gesetze der Beweis für die »Spontaneität« des Lebendigen.

Um die Tragweite dieser Feststellungen zu verdeutlichen, verweise ich ergänzend auf die in einem anderen Buche* *angedeuteten* Betrachtungen zu dem Thema, daß die quantenphysikalische *»Komplementarität«* ihre tiefenpsychologische Analogie im *Freudschen* Begriff der *»Verdrängung«* besitzt, deren *richtiges* Verständnis in folgerichtiger Betrachtung dazu führt, im menschlichen Handeln die weitgehende Aufhebung determinierender Kausalität und die Entfaltung organischer Spontaneität zur menschlichen *Willensfreiheit* zu sehen.

---

* »Der Naturwissenschaftler vor der religiösen Frage«. 5. Aufl. Oldenburg 1969.

Kapitel 4

Die Rolle des organischen Lebens im Kosmos

I

Das menschliche Nachdenken empfindet einen starken Reiz, sich gerade solchen Fragen zuzuwenden, über welche man gar nichts wissen kann. Schon seit KEPLER hat eine lange Reihe bedeutender Denker – auch KANT ist unter ihnen – sich damit beschäftigt, Aussagen zu entwickeln (und zwar teilweise ausführliche Aussagen) über die Bewohner anderer Himmelskörper. Das Beispiel KANT ist von BENZ im Zusammenhange eines Buches über SWEDENBORG eingehend besprochen worden *; und da diese Seite im geistigen Werke KANTS wohl nicht sehr bekannt ist, so seien einige der von ihm ausgeführten Betrachtungen hier kurz angedeutet. KANT ist sich des hypothetischen Charakters dieses Teil seiner Überlegungen, die zu seiner Schrift über die »Allgemeine Naturgeschichte und Theorie des Himmels« gehören, klar bewußt gewesen. Aber er hat sich doch mit ähnlicher Liebe und Entschiedenheit dieser Spekulation hingegeben, wie jene vielen heutigen Verfasser, denen die Existenz zahlloser von organischem Leben und teils auch von menschenähnlichen (oder dem Menschen weit überlegenen) Lebewesen bewohnter Himmelskörper als eine Art apriorischer Gewißheit erscheint – so daß man bereits die Bezeichnung »Exobiologie« eingeführt hat für denjenigen Zweig der Naturwissenschaften, der sich mit der Erforschung des extraterrestrischen Lebens beschäftigen soll. So liegt hier der etwas ungewöhnliche Fall vor, daß eine neue Wissenschaft bereits ihren *Namen* bekommen hat, bevor überhaupt die *Existenz von Objekten* bewiesen ist, mit denen sie sich zu befassen hätte.

KANT hat in seinen Überlegungen an den berühmten Physiker HUYGENS angeknüpft, sowie an den Franzosen FONTENELLE, den man in heutigem Sprachgebrauch einen ungewöhnlich erfolgreichen populärwissenschaftlichen Schriftsteller astronomischer Richtung nennen könnte. Übrigens ist auch der große HERSCHEL, bahnbrechender Erforscher der Milchstraße, überzeugt gewesen, daß

* E. Benz, Emanuel Swedenborg. Naturforscher und Seher. München 1948.

zum Beispiel unser Mond bewohnt sei; und er hat eine bestimmte Gegend des Mondes als diejenige bezeichnet, in der er sich gern ein Haus mit Garten als Alterssitz bauen würde, wenn er nur dorthin zu kommen vermöchte.

Kant glaubte trotz des hypothetisch-spekulativen Charakters seiner Betrachtungen über die Bewohner anderer Körper unseres Planetensystems als zuverlässige Unterlage seiner Folgerungen aussprechen zu dürfen, »daß die Entfernungen der Himmelskörper von der Sonne gewisse Verhältnisse mit sich führen, welche einen wesentlichen Einfluß in die verschiedenen Eigenschaften der denkenden Naturen nach sich ziehen, die auf denselben befindlich sind«. Zwar hält er sich vorsichtshalber offen, daß kein *gleichzeitiges* Bewohntsein aller Planeten behauptet werden müse, da diese »ihre Jugend, ihre Reife und ihr Alter« haben, so daß die Zeiten ihres Bewohntseins teilweise in verschiedene Abschnitte der Gesamtgeschichte des Planetensystems gefallen sein könnten. (Insbesondere für Jupiter hält Kant es für denkbar, daß er gegenwärtig noch nicht bewohnt sei, sondern es erst in einigen Jahrtausenden werden würde). Jedoch treten diese Vorbehalte dann zurück gegenüber der Ausführung eines grundsätzlichen Bildes von den verschiedenen Planetenbewohnern: Ich zitiere dazu einige Kurzwiedergaben von Benz, in welchen die durch Anführungszeichen hervorgehobenen Sätze Zitate nach Kant selber sind:

»Der Stoff, woraus die Einwohner verschiedener Planeten, ja sogar die Tiere und Gewächse auf denselben gebildet sein, muß überhaupt um desto leichterer und feinerer Art, und die Elastizität der Fasern samt der vorteilhaften Anlage ihres Baues, um desto vollkommener sein, nach dem Maße, als sie weiter von der Sonne abstehen.« Dieser Satz betrifft nicht nur ihre leibliche Organisation, sondern auch ihr Erkenntnisvermögen; nicht nur die körperliche, sondern auch die geistige Vollkommenheit der Planetenbewohner wächst mit dem Maße ihrer Entfernung von der Sonne. »Wir werden mit mehr als wahrscheinlicher Vermutung schließen können, daß die Trefflichkeit der denkenden Naturen, die Hurtigkeit in ihren Vorstellungen, die Deutlichkeit und Lebhaftigkeit der Begriffe, die sie durch äußerlichen Eindruck bekommen, samt dem Vermögen sie zusammenzusetzen, endlich auch die Behendigkeit in der wirklichen Ausübung, kurz der ganze Umfang ihrer Vollkommenheit unter einer gewissen Regel stehen, nach welcher dieselben, nach dem Verhältnis des Abstandes ihrer Wohnplätze von der Sonne, immer trefflicher und vollkommener werden.« Es ist also innerhalb des planetaren Systems unserer Sonne eine bestimmte Hierarchie auf den verschiedenen Planeten anzunehmen, in der die Bewohner unserer Erde, dem Sonnenabstand entsprechend, eine mittlere Stelle einnehmen. Von ihnen sagt KANT: »Wenn die Vorstellung der erhabensten Klassen vernünftiger Kreaturen, die den Jupiter oder Saturn bewohnen, ihre Eifersucht reizet, und sie durch die Erkenntnis ihrer eigenen Niedrigkeit demütiget, so kann der Anblick der niedrigen Stufen sie wiederum zufrieden sprechen und beruhigen, die in den Planeten Venus und Merkur weit unter der Vollkommenheit der menschlichen Natur erniedriget sein. Welch ein verwunderungswürdiger Anblick! Von der einen Seite sehen wir denkende Geschöpfe, bei denen ein Grönländer oder Hottentotte ein *Newton* sein würde, und auf der anderen Seite andere, die diesen als einen Affen bewundern.«

Tatsachen betreffs der verschiedenen Umdrehungszeiten der Planeten sind nach KANT geeignet, diese Vorstellung zu stützen: »Wenn Jupiter von vollkommeneren Kreaturen bewohnt ist, die mit einer feineren Bildung mehr elastische Kräfte und eine größere Behendigkeit in der Annäherung verbinden, so kann man glauben, daß diese fünf Stunden – (die nach unserem irdischen Zeitmaß gemessen bei ihnen der Tag dauert) – ihnen eben dasselbe und mehr sind, als was die zwölf Stunden des Tages für die niedrigere Klasse der Menschen betragen. Saturn hat nach der wahrscheinlichen Berechnung seiner Umwälzung eine noch weit kürzere Abteilung des Tages und der Nacht und lässet daher an der Natur seiner Bewohner noch vorzüglichere Fähigkeiten vermuten.«

»Es ist zu glauben, daß, obgleich die Vergänglichkeit auch an den vollkommensten Naturen naget, dennoch der Vorzug in der Feinigkeit des Stoffes, in der Elastizität der Gefäße und der Leichtigkeit und Wirksamkeit der Säfte, woraus jene vollkommenere Wesen, welche in den entferntesten Planeten wohnen, gebildet sein, diese Hinfälligkeit, welche eine Folge aus der Trägheit einer groben Materie ist, weit länger aufhalten und diesen Kreaturen eine Dauer, deren Länge ihrer Vollkommenheit proportioniert ist, verschaffen werde, so wie die Hinfälligkeit des Lebens der Menschen ein richtiges Verhältnis zu ihrer Nichtswürdigkeit hat.«

Kant ist ferner (mit vorsichtigeren Aussagen) auf die Frage eingegangen, ob auch die Bewohner anderer Himmelskörper der *Sünde* unterworfen seien.

Daß schon seit dem Jahrhundert Keplers die Frage nach dem Bewohntsein anderer Himmelskörper so viele Denker bewegt und gefesselt hat, beruhte geistesgeschichtlich zum wesentlichen Teile darauf, daß die durch Kopernikus in Gang gebrachte neue Auffassung vom astronomischen Weltall *beunruhigend* für die christliche Weltbetrachtung wirkte. Benz hat in seinem erwähnten Buche Inhalt und Sinn dieser Beunruhigung so treffend erläutert, daß ich mir an dieser Stelle ein etwas längeres Zitat nicht versagen möchte.

Benz sagt, »daß die ungeheure Veränderung des Weltbildes und Weltgefühls seit Kopernikus, Galilei und Kepler auch eine Veränderung des Menschenbildes zur Folge hatte. Nach der alten Kosmologie war die Erde Mittelpunkt der Welt, war der Mensch die höchste Kreatur dieser Erde und seine Erlösung das zentrale Geschehen im Himmel und auf Erden. Die Entdeckung, daß die Erde nur ein Planet neben anderen ist, der um die Sonne kreist, und daß die Sonne selbst sich nur als ein Stäubchen in die zahllosen Sonnensysteme des Fixsternhimmels einfügt, hat auch die alte Anschauung vom Menschen erschüttert. Wenn die Erde im Vergleich zu den unvorstellbaren Weiten des Fixsternhimmels, die ein Halley und Newton zu erforschen unternahm, immer mehr zum Staubkorn im Gefüge des Makrokosmos herabsank, konnte dann der Mensch, der Staub des Staubes, noch für sich das heilige Vorrecht beanspruchen, daß er und sein Schicksal der eigentliche Gegenstand des Universums und des göttlichen Handelns sei? Mußte nicht die Entwertung der Erde eine Entwertung des Menschen zur Folge haben? War es nicht eine unwahrscheinliche und in keiner Weise gerechtfertigte Vermessenheit, den alten Anspruch des Menschen, Mittelpunkt der Schöpfung zu sein, aufrechtzuerhalten? Mußte nicht die neue Naturerkenntnis das alte christliche Menschenbild umstürzen?

Aber nicht nur die alte Anschauung vom Menschen schien durch das neue Weltbild bedroht, sondern auch die Grundlage des christlichen Glaubens. Für die mittelalterliche wie für die reformatorische Theologie war die Erlösung ein kosmisches Ereignis; der Heilstat Christi kam eine universale Bedeutung für das ganze Universum, für die vernünftige und für die unvernünftige Kreatur zu. Nicht nur die Menschheit, sondern »die ganze Kreatur stöhnt dem Tag der Erfüllung entgegen« und das Blut des Lammes »tingiert«, wie Jakob Boehme schreibt, die ganze Welt. Nach dem neuen Weltbild aber war die Erde nicht mehr, als eine bewohnte Klippe inmitten eines Ozeans, der mit unzähligen, weitaus größeren bewohnten Inseln übersät war. Angesichts dieser Tatsache mußte auch die Bedeutung Christi verblassen und die göttliche Heilstat nur mehr als winzige Episode der Geschichte eines belanglosen Sternchens erscheinen. Welcher Größenwahn der Bewohner dieser traurigen Klippe, diese Episode als das zentrale Ereignis des Alls auszugeben und von Gott anzunehmen, daß er sich gerade auf diesem kläglichen Eiland niedergelassen habe! Und selbst wenn dies so wäre, so bliebe die Erlösung dieser Erde angesicht ihrer Winzigkeit im belebten Universum doch nur eine Belanglosigkeit.«

Mit diesen Worten hat Benz sehr deutlich die zusätzliche Zerreißprobe erläutert, der der christliche Glaube ausgesetzt wurde durch die gefühlsmäßige »Entwertung« des Planeten Erde, wie sie durch die von Kopernikus heraufgeführte neue Vorstellung vom Sternenreich nahegelegt wurde: »Angesichts dieser Tatsache mußte auch die Bedeutung Christi verblassen« – diese Benzsche Formulierung bezeichnet die theologische Bedeutung dieser weltanschaulichen Entwicklung mit einem Höchstmaß von Prägnanz.

Der Lamettriesche Angriff richtete sich gegen *jede* Form religiöser Weltbeurteilung – mit alleiniger Ausnahme jener an Spinoza erinnernden *Gleichsetzung* eines unpersonalen Gottes mit der Vollkommenheit und Geschlossenheit eines kausal bestimmten Naturgeschehens, die in moderner Zeit von Einstein zum Inhalt seiner sehr persönlich geprägten Religiosität gemacht worden ist. Haeckels auf die biologische Entwicklungslehre gestützte aktivistische Polemik gegen die Religion traf im Grunde – darauf haben sich spätere Theologen und Naturwissenschaftler faktisch weitgehend geeinigt – nur das »fundamentalistische« Mißverständnis des biblischen Schöpfungsberichtes. In dem großen Gedanken des Kopernikus lagen jedoch Keime zu Folgerungen oder mindestens Fragen, die in spezifischer Weise an Grundvorstellungen gerade der christlichen Lehre »nagen« – *diese* Seite der Probleme ist für das vorliegende Buch von schwerpunktmäßiger Bedeutung, da sie in meinem mehrfach erwähnten früheren Buch noch nicht erörtert worden war.

Jene älteren Verfasser, die in unbefangener Weise das Vorhandensein »denkender Naturen« auf anderen Himmelskörpern bejaht und so wunderliche Spekulationen darüber angestellt haben, empfanden das dadurch gegebene Spannungsverhältnis zur christlichen Lehre offenbar kaum. Es mag hingegen sein, daß die sich mit dem kopernikanischen Gedanken anbahnenden weitreichenden Folgerungen mehr oder weniger vorausempfunden wurden von jenen hochgestellten Theologen, die an Galilei eindringlich die Empfehlung gerichtet haben, seiner Vertretung des kopernikanischen Gedankens die Form einer *Hypothese* zu geben – was nicht nur vom Standpunkt schlichter naturwissenschaftlicher Begründbarkeit (im damaligen Stande der Dinge) der *Wahrheit* besser entsprochen, sondern auch den berühmt-berüchtigten historischen Konflikt unnötig gemacht hätte. Alle diese Empfehlungen scheiterten freilich daran, daß GALILEI vom Papst und von den höchsten Kirchenbehörden eine *ausdrückliche Anerkennung* der kopernikanischen Lehre als *bewiesener Wahrheit* forderte. (Etwas paradox angesichts der Tatsache, daß GALILEI selber den eigentlichen Beweis zugunsten von KOPERNIKUS in seiner (GALILEIS) völlig verfehlten *Flut-Theorie* sah).

Daß manche spätere Verfasser die von BENZ so scharf beleuchtete Spannung zwischen christlicher Theologie und den aus der kopernikanischen Umwälzung *scheinbar* unvermeidbar *folgenden* Gedanken kaum gefühlt haben, könnte wohl so zu verstehen sein, daß lange Zeit im protestantischen Bereich der geistige Schwerpunkt der Religion mehr in abstrakt-philosophischen Thesen – der idealistischen Philosophie entsprechend – als in der konkreten Christusgestalt gesehen wurde.

Neuere Theologen sind meines Wissens nur in wenigen Fällen auf dieses Thema eingegangen. Der holländische Theologe G. VAN NOORT soll 1920 gesagt haben: »Niemand versündigt sich an seinem christlichen Glauben, wenn er annimmt, daß es noch andere vernunftbegabte Wesen gibt, die einen stofflichen Körper haben.« Während diese vorsichtige Stellungnahme, wenn sie angenommen wird, eine aus unserem Thema fließende Konfliktmöglichkeit ausschließen würde, wird dem Präsidenten der Päpstlichen Akademie der Wissenschaften und Rektor der Mailänder Universität A. GEMELLI eine Auslassung zugeschrieben, die ähnlich entschieden wie BENZ das Vorhandensein einer tiefgehenden Spannung oder Gegensätzlichkeit hervorhebt:

»Es gibt keine anderen von Menschen bewohnten Planeten! Wenn Gott andere Menschen auf anderen Planeten geschaffen hätte, so wäre die Logik des göttlichen Plans zur Rettung der Menschen unverständlich, denn jene anderen Menschen würden nicht von Adam und Eva abstammen, daher auch nicht die Erbsünde in sich tragen und nicht vom menschgewordenen Gott gerettet worden sein. In der Bibel ist auch mit keiner Silbe die Rede von anderen Menschen auf anderen Planeten, die Gott nach seinem Bilde geschaffen hätte.«

Andererseits hat der Theologe F. J. CONNELL der katholischen Universität in Washington in ausführlicher Untersuchung der Frage wiederum die Vereinbarkeit der Annahme außerirdischer menschenartiger Wesen mit der christlichen Vorstellungswelt vertreten:

»Weder die Geheime Offenbarung, die Lehre der Väter, die Tradition, noch die feierlichen Aussprüche der Päpste schließen die Möglichkeit von Lebewesen, die uns ähnlich sind, auf einem anderen Planeten aus... Tiefgründige Theologen haben niemals gewagt, die Allmacht Gottes auf die Erschaffung der Welt, die wir kennen, zu begrenzen. Wenn jedoch andere Welten und andere vernunftbegabte Wesen existieren, dann brauchen sie nicht unter derselben Verteilung der Gnade zu leben, wie die Nachkommen Adams und Evas. Sie brauchen die Erbsünde nicht notwendigerweise auf sich zu beziehen, weil Adam im Paradies sündigte. Deshalb würden sie auch den Erlösungsakt Jesu Christi nicht nötig haben.«

Obwohl ich theologischer Laie bin, wage ich das Urteil auszusprechen, daß mir die Vorstellung materieller – also (wegen des Entropiegesetzes!) der Notwendigkeit von Fressen und Gefressenwerden unterliegender – Lebewesen, die *nicht* erlösungsbedürftig wären, unglaubhaft ist.* Jedenfalls würde sie jenem großen paulinischen Worte vom Seufzen aller Kreatur widersprechen, das ich als eine der tiefsten Einsichten in das Wesen des Kosmos – geistig-seelisch gesehen – empfinde.

Die heutige, durch die beginnende Raumfahrt mächtig angeregte »exobiologische« Spekulation hat überwiegend eine deutlich erkennbare Richtung *gegen* die christliche Weltauffassung. Sie ist vielen heutigen Menschen gerade deshalb willkommen, weil sie Gründe oder Unterlagen für eine *Ablehnung* des christlichen Weltbildes liefern und somit den erklärten Gegnern dieses Welt-

---

* Eine gegenteilige positive Bejahung dieses Gedankens ist jedoch auch von dem katholischen Theologen W. SCHAMONI ausgesprochen worden in dem Buche: »Kosmos, Erde, Mensch und Gott«. Düsseldorf 1948.

bildes Unterstützung geben kann. Für eine rein beschreibende Betrachtung der Stellung dieses Problems in heutigen geistesgeschichtlichen Zusammenhängen ist jedenfalls greifbar gegeben, daß es für viele Zeitgenossen ein ausgesprochenes *Bedürfnis* ist, die Hypothese der Exobiologie als Wahrheit ansehen zu können. Ein psychologisch aufschlußreiches Anzeichen für das *Wunschdenken*, das der Begeisterung für Exobiologie zugrunde liegt, lieferten zum Beispiel verschiedentlich veröffentlichte Aufsätze, die auf sonderbare steinzeitliche Bauten im Hochgebirge der Anden hinwiesen (Sascayhuaman, nördlich von Cuza). Erstaunlich genau sind in diesen Bauten die riesigen Steine so zugeschliffen, daß sie sich mit ihren Grenzflächen vollkommen zusammenschließen. Mit der Begründung, daß solche Leistungen nicht »primitiven« Menschen zugeschrieben werden könnten, leitete man ab, hier müßten Lebewesen von anderen Himmelskörpern vor langer Zeit gelandet sein und sich betätigt haben.

Diese von Wunschdenken eingegebene Deutung mutete also den Lesern zu, an außerirdische Lebewesen zu glauben, die sich in ihrer Untertassen-Raumflug-Technik als uns Menschen gegenüber *weit voran* erweisen. Aber obwohl sie sicherlich die Technologie einerseits der Kunststoffe und andererseits der Titan-Legierungen zweifellos schon weit besser beherrschen, als wir jetzt 1970, sollen sie sich im südamerikanischen Hochgebirge mit der mühsamen Errichtung *steinzeitlicher* Bauten vergnügt haben. Nicht weniger überzeugungssicher sind wiederholt prähistorische Menschen-Felsbilder als »Beweise« für »Invasionen« aus dem Weltraum angeführt worden – denn sie tragen irgendwelche Kopfbedeckungen, und diese können natürlich nur »Raumschutzhelme« oder auch »Antennen« sein. Auch in der Fähigkeit bildlicher Darstellung sollen also diese Invasoren ihre uns weit überlegene Technologie vereint haben mit der Primitivität unseres Paläolithikums.

Mit dieser kritischen Bemerkung soll selbstverständlich nicht etwa der Verdacht ausgesprochen werden, daß jeder die exobiologische Hypothese anerkennende Verfasser zugleich auch ein

Untertassen-Gläubiger sei. Zweifellos ist die exobiologische Hypothese eine naturwissenschaftlich berechtigte, ernstzunehmende Hypothese, über deren Wahrheitsgehalt nur mit den Methoden empirischer Naturforschung zu entscheiden versucht werden kann. Methodisch *falsch* ist jedoch die auch unter ernsthaften Naturwissenschaftlern *weit* verbreitete Ansicht, die Existenz zahlreicher von organischem Leben und zum Teil auch von hochentwickelten Intelligenzen bewohnter Himmelskörper im Weltall sei gewissermaßen eine apriorische Selbstverständlichkeit, deren empirische Prüfung früher oder später zu ihrer Bestätigung führen *müsse*. Demgegenüber möchte ich im folgenden die Gegen-These erläutern, daß es von unserem heute vorhandenen Wissen aus völlig *offen* ist, ob jemals eines der von der Exobiologie zu entdekkenden Naturgebilde als real erwiesen wird.

II

Auch getrennt von allen weltanschaulichen Zusammenhängen ist es natürlich eine der für unsere Neugier spannendsten Fragen, ob es im Weltall auch auf anderen Himmelskörpers Lebewesen gibt, die zwar sehr verschieden von denjenigen unserer Erde sein könnten, aber jedenfalls auch bis zur geistigen Entwicklungshöhe wissenschaftlicher Forschung und technischer Naturbeherrschung gekommen sind. Ein großer Aufwand von Scharfsinn ist dieser Frage bereits gewidmet worden, unter Beteiligung von Fachspezialisten verschiedenster Gebiete. Wir stehen am Beginn menschlicher Raumfahrt – ein einzigartiges Abenteuer der technisch wirkenden Menschheit ist eingeleitet. Ist es wahrscheinlich, daß wir in künftigen Jahrzehnten oder kommenden Jahrhunderten organisches Leben auch anderenorts im Weltall finden werden? Sind irgendwo sonst im Weltall auf der Grundlage organischen Lebens auch höhere Intelligenzen entstanden, denen die Erdbewohner einmal begegnen könnten, oder mit denen sie mindestens in Verbindung, in Gedankenaustausch treten könnten?

Die meisten dieser Frage gewidmeten Überlegungen sind von der Überzeugung getragen, daß sie zu *bejahen* sei. Aber es gehört ja zum Wesen wissenschaftlicher Forschung und Wahrheitserkenntnis, daß die Forscher aller Länder und aller verschiedenen Fachbereiche sich einerseits einig sind in der vorbehaltlosen Anerkennung dessen, was durch schlüssigen Beweis wissenschaftlich gesichert ist; daß sie aber andererseits in allen denjenigen Fragen, für die noch keine bewiesene Entscheidung vorliegt, keineswegs übereinstimmende Meinungen haben müssen. Solche Fragen, die gegenwärtig eine Stellungnahme nur in Form von *Hypothesen*, von *Vermutungen* erlauben, lassen jedem einzelnen Naturforscher das Recht und auch die Pflicht, selber zu beurteilen, welche der erwägbaren Antworten ihm wahrscheinlicher vorkommt – solange keine sichere Entscheidung erzielt ist, wird es auch keine Urteilsgleichheit geben. Für die Bearbeitung einer Frage, die einerseits von hoher Bedeutung, andererseits besonders *schwierig* ist, wird es *förderlich* und *fruchtbar* sein, die in Betracht kommenden Möglichkeiten *vielseitig* zu beleuchten und zu durchdenken. Ich urteile über die Frage nach dem Vorkommen außerirdischer Lebenserscheinungen und erst recht über das Vorhandensein anderer Intelligenzen wesentlich skeptischer, als die große Mehrheit der naturwissenschaftlichen und technischen Spezialisten, die sich bisher an der Erörterung dieser Fragen beteiligt haben – ich will mein abweichendes Urteil nicht verschweigen, nicht geheimhalten, sondern im Gegenteil andeuten, *warum* ich nicht glaube, daß in vorhandenen naturwissenschaftlichen Kenntnissen irgendwelche Unterlagen für die Vermutung außermenschlicher Intelligenzen gegeben sind.

Die moderne Erforschung des Weltalls hat uns in den letzten Jahren in dichter Folge erstaunliche Überraschungen geliefert: ein Beispiel dieser Funde waren die sogenannten *Pulsare*, rätselhafte Sterne, die in unerhört genauer Regelmäßigkeit gewaltige Energiebeträge in Form von Radar-Signalen aussenden. Obwohl die Einzelheiten dieser Erscheinung hohe Ansprüche an unser physikalisches Vorstellungsvermögen stellen, so ist doch neuestens recht wahrscheinlich geworden, daß alle Einzelheiten schrittweise aufgeklärt werden können von der Vorstellung aus, daß die fraglichen Sterne sogenannte Neutronensterne sind, aus Materie bestehend, die zur ungeheuren Massendichte von Atomkernen zusammengepreßt ist. Im Kreise der astronomischen Entdecker und ersten Erforscher dieser merkwürdigen Sterne hat man aber scherzweise auch den Gedanken besprochen, es könnte sich um wirkliche technische Signale handeln, die vom Vorhandensein sogenannter Super-Zivilisationen zeugen – also von Intelligenzen, die uns und unserer Technik so turmhoch überlegen sind, daß sie imstande sind, ganze Sterne, ganze Sonnen zu Objekten technischer Beherrschung und Regelung zu machen, sie gewissermaßen als Spielzeuge technischer Superentwicklung benutzend. Noch vor wenigen Monaten hat eine ernsthafte wissenschaftliche Zeitschrift in USA einem Verfasser Raum gegeben, der diesen Gedanken durchaus nicht nur als Scherz auffassen wollte, sondern mindesten die Möglichkeit in Betracht zog, dies könnte wirklich als Erklärungsgrundlage der seltsamen Pulsar-Erscheinungen zu erwägen sein. Obwohl es im Kreise internationaler Forschungsarbeit auch andere Beispiele ähnlicher Beurteilung des Problems gegeben hat, will ich hart und offen aussprechen, daß jede Spekulation dieser Art nach meiner Überzeugung den Rahmen vertretbaren wissenschaftlichen Denkens weit verläßt: Die Möglichkeit organischen Lebens auf anderen Himmelskörpern soll keineswegs a priori geleugnet werden; und wenn es irgendwo in anderen Planetensystemen ein zu höherer Entwicklung gekommenes organisches Leben gibt, so wird auch die Möglichkeit anerkannt werden müssen, daß es dort zur Entstehung einer Intelligenz gekommen sein könnte, die der menschlichen ähnlich oder überlegen ist. Trotzdem kann im Rahmen physikalischer und astronomischer Naturgesetze nicht daran gedacht werden, daß es irgendwie und irgendwo gelingen könnte, ganze Sterne, ganze Sonnen als Konstruktionsteile technischer Instrumente zu benutzen. Hier scheiden sich die Möglichkeiten wissenschaftlichen Denkens einerseits und uferloser Traumphantasie andererseits.

Ebenso unvermeidbar ist es, eine klare Verneinung auszusprechen gegenüber einer anderen Spekulation, die ebenfalls von gar nicht wenigen Verfassern mit großer Begeisterung gepflegt worden ist – nämlich die Vorstellung, künftige Technik könnte es uns ermöglichen, Raumschiffe zu bauen, deren Fahrtgeschwindigkeit geradezu der Lichtgeschwindigkeit nahekommen würde. Das Schlagwort »Photonen-Rakete« deutet die Hoffnung an, durch vollständige Umwandlung von Materie in Licht einen Raketen-Antrieb zu verwirklichen, der eine an die Lichtgeschwindigkeit angenäherte Reisegeschwindigkeit ergeben müßte – und wenn das wahr wäre, dann könnte man sich für die Menschheit späterer Jahrtausende ausmalen, daß Reisen auch zu anderen Sonnen auszuführen wären, die vielleicht ebenfalls bewohnte Planeten und dortige Hochkulturen haben mögen. Jedoch beruht gerade die Voraussetzung dieses Gedankengangs auf einer Hinwegsetzung über die Gesetze der Relativitätstheorie und der Elementarteilchen-Physik (»Erhaltungsgesetz der Baryonenzahl«). Man kann in Wahrheit die vollständige Umwandlung eines Kilogramms Materie in Lichtenergie nur dann durchführen, wenn man diese Materie mit einem Kilogramm der sogenannten *Antimaterie* zusammenbringt, was niemals innerhalb einer stabilen, nicht schon während ihres Aufbaus explodierenden technischen Anlage ausgeführt werden kann. Dieses von begeisterten Zukunftsträumern übersehene kleine naturgesetzliche Hindernis führt in genauer Durchdenkung zu der Folgerung, daß man auch in aller Zukunft niemals einem nach dem Raketenprinzip angetriebenen bemannten Raumschiff mehr als höchstens einige Promille der Lichtgeschwindigkeit geben kann; daraus folgt weiterhin, daß keinerlei Aussicht besteht, unsere Nachkommen würden imstande sein, unser eigenes Planetensystem in Raumschiffen zu verlassen und den hypothetischen Bewohnern anderer Planetensysteme in körperlicher Realität Besuche zu machen.

Ein amerikanischer Verfasser hat freilich den Gedanken ausgeführt, daß man ein Raumschiff, statt es durch *Rückstoß*, also als Rakete, anzutreiben, auch von der Erde aus beschleunigen könnte.

Man könnte (dies ist zweifellos ein Gedanke, der Genialität verrät) ein Raumschiff, das sich schon außerhalb der Lufthülle der Erde befindet, mit einem gewaltigen »Hohlspiegel« etwa aus Stanniol versehen – die Weiterentwicklung der Raumfahrttechnik wird solche Konstruktionen möglich machen – und dann von der Erde aus mit »Laser«-Strahlung einen Druck auf den Spiegel ausüben, ihn also mit Energiebeträgen antreiben, die vom Raumschiff *nicht mitgenommen* werden müßten, sondern ihm während des Fluges zugestrahlt würden. Eine etwas optimistische, aber nicht unvernünftige Rechnung lieferte dem amerikanischen Verfasser dann das Ergebnis, daß man auf diese Weise mit einer Reise von 40 Jahren Dauer wenigstens bis in die Nähe unserer *nächsten* Nachbarsonne gelangen könnte, die größenordnungsmäßig etwa ein Lichtjahr von uns entfernt ist.

Meine ehrliche Bewunderung dieses Gedankens kann nichts daran ändern, daß auch diese technische Möglichkeit – als solche mag sie grundsätzlich anerkannt werden – nicht als Ausgangspunkt für die Entwicklung von Verkehrsmitteln auch zu *anderen* Sternen, als diesem *einen* Beispiel gewertet werden kann. Man kann weder die Flächengröße der Stanniol-»Segel« in Zukunft unbegrenzt steigern, noch die Bündelungsschärfe von Laser-Sendern.

Die Frage, ob der erwähnte Plan einer von Laser-Strahlen angetriebenen Fern-Reise im Weltall Aussichten auf künftige Verwirklichung haben könnte, schließt aber auch die Frage ein, *wer* bereit sein würde, als 30jähriger Astronaut eine Reise ohne Rückkehr anzutreten, deren Zielgebiet er, wenn alles klappt, als 70jähriger erreichen würde – wobei aller ihm von der Menschheit gespendete Beifall ihn bestenfalls auf dem Fernsehschirm erreichen könnte, und wobei mit großer Wahrscheinlichkeit das Ergebnis der Besichtigung des Zielgebiets eine Bestätigung menschlicher Einsamkeit im Kosmos wäre – also ein einsamer Tod nach 40 Jahren erdrückender Langeweile.

Man könnte natürlich einen Roman schreiben, in dem ein Raumschiff mit einer Besatzung von 1000 jungen Menschen startet zu einer Reise, deren Ziel vielleicht die Enkelkinder der Gestarteten erreichen. Aber das wäre wohl mehr ein Beitrag zur science fiction als zur realistischen Prognose künftiger Möglichkeiten. Zur gleichen Richtung gehören auch Spekulationen über langzeitiges *Einfrieren* von Astronauten für ihre Reise.

Seit meiner Kindheit war ich für den Gedanken der Raumfahrt begeistert, und in meiner Schulzeit war es mir ein großes Erlebnis, aus einfachsten physikalischen Gesetzen die Gewißheit zu erhalten, daß der Raketenantrieb – im Unterschied zum Propellerantrieb der während meiner Kindheit verwirklichten Flugzeuge – auch im luftleeren Weltenraum wirken kann. Ich bin noch immer begeisterter Anhänger der Raumfahrt; aber als nüchterner Naturwissenschaftler muß ich mir sagen, daß die Menschheit schwerlich ernsthaft über die Grenzen unseres eigenen Planetensystems hinaus streben kann. Für *Pluto,* den äußersten Planeten, scheint unsere Sonne nicht heller, als für uns die Venus. Auch Pluto wird in Zukunft einmal für menschliche Forschungspioniere betretbar werden. Aber alle Gedanken an menschliche Besuche bei hypothetischen anderen Zivilisationen sind Phantasie.

In Gesprächen stößt man immer wieder auf zwei psychologisch gut verständliche, aber sachlich verfehlte Stellungnahmen. Die ungeheuerliche Größe der Sternenwelt ist uns durch die moderne Forschung beklemmend fühlbar geworden. Es gibt hundert Milliarden Sonnen in unserer Milchstraße; und es gibt Milliarden von Milchstraßen in denjenigen Bezirken des Weltraums, die heutiger Forschung – einschließlich Radio-Astronomie – zugänglich sind. Müßte uns nicht ein erdrückendes Angstgefühl überfallen, wenn wir uns vorzustellen hätten, daß wir Menschen wirklich *einsam* in dieser ungeheuren Sternenwelt leben würden?

Sicherlich ist diese Vorstellung und die durch sie erzeugte Einsamkeit beängstigend – menschliche Gefühlstatsachen als solche gering zu schätzen, ist nicht meine Absicht. Aber es ist entschieden meine Absicht, zu leugnen, daß unsere Gefühle die Bedeutung naturwissenschaftlicher Beweisgründe haben – vor dem wissenschaftlichen Denken haben nur Tatsachen Gewicht; Gefühle haben in unserer Urteilsbildung nicht mitzusprechen.

Ebenso rein psychologisch zu werten ist ein für viele Zeitgenossen naheliegender Entscheidungsgrund. Wir neigen dazu, die Naturerscheinung des organischen Lebens als die eigentliche Sinngebung des Weltalls anzusehen – als dasjenige, für dessen Verwirklichung dies Weltall da ist. Müßte uns nicht das gewaltige Sternenreich als ein Unternehmen unbegreiflicher Verschwendung erscheinen, wenn wir das organische Leben als eine nur ganz seltene, völlig vereinzelt im Weltall vorhandene Naturerscheinung anzusehen hätten? Auch diese Überlegung, die für zahlreiche Anhänger des Glaubens an bewohnte andere Planetensysteme Grundlage ihrer Überzeugung ist, hat natürlich als wissenschaftlicher Beweisgrund keinerlei Wert. Das astronomische Weltall kann nicht nach menschlichen Begriffen von Sparsamkeit oder Verschwendung, von Zweckmäßigkeit und Rentabilität beurteilt werden. Die Frage nach dem Vorhandensein oder Nichtvorhandensein zahlreicher anderer bewohnter Himmelskörper ist eine *Tatsachenfrage*. Ihre objektive wissenschaftliche Förderung ist nur dann erzielbar, wenn wir allzumenschliche Gedanken, die hier keinerlei sachliche und logische Berechtigung haben, kühl und radikal beiseiteschieben.

Wenn wir beabsichtigen, der Erkenntnis der Wahrheit näherzukommen, müssen wir solche Überlegungen, die nur Scheinbegründungen für eine uns erwünschte Antwort liefern, restlos ausscheiden. Ebenso rücksichtslos müssen wir wissenschaftliche Absurditäten ausscheiden, wie die Vorstellung mit Sonnen spiegelnder Super-Zivilisationen, oder die Vorstellung von Photonen-Raketen und künftigen Reisen durch den Fixsternraum. Es bleibt dann – in einem engeren Rahmen – als realistische Erwägbarkeit *erstens* die Möglichkeit, daß es vielleicht zahlreiche Himmelskörper geben könnte, auf denen niedere Formen, unbedeutende Anfangsstufen von organischem Leben vorhanden sein könnten. Bis vor kurzem schienen Beobachtungstatsachen dafür zu sprechen, daß es auf dem *Mars* in gewissem Umfang organisches Leben gäbe – allerdings nur in ganz niedrigen Formen, etwa als Bodenbakterien, oder als eine – gewisse Oberflächenstücke überziehende – dünne Schicht flechtenartiger Gewächse. Allerdings ist die Berechtigung dieser Schlußfolgerung aus astronomischen Beobachtungsergebnissen zweifelhaft geworden, nachdem Raketen-Sonden das Fehlen von Stickstoff in der Lufthülle des Mars festgestellt haben. Sollte trotzdem das bis vor Kurzem als wahrscheinlich angesehene Vorhandensein einer (weniger als hauchdünnen) »Vegetation« auf dem Mars sich später doch bestätigen, so müßte – trotz der dann notwendigerweise zu erschließenden chemischen Verschiedenheit des Mars-Lebens von dem der Erde – die Möglichkeit geprüft werden, daß die Ursprungsformen des Marslebens »Ableger« von irdischen Lebensformen sein könnten. Der berühmte schwedische Forscher ARRHENIUS hat seinerzeit schon die Möglichkeit durchdacht, daß winzige Lebenskeime – »eingefroren« in der Weltraumkälte – im Weltall Reisen durchführen könnten, angetrieben vom örtlich wirksamen Strahlungsdruck. Er schloß daraus, daß organische Keime das ganze Weltall erfüllen – wenn auch in sehr geringer Dichte: Jeder *bewohnbare* Planet würde dann im Laufe der Zeit auch ein *bewohnter* werden. Man muß diese Theorie der »Panspermie«, die früher einmal Aufsehen erregte, heute freilich mit starken Einschränkungen versehen – einerseits kennen wir inzwischen die »kosmische Strahlung«, die jeden im Weltraum befindlichen Lebenskeim in nicht allzu langer Zeit abtöten muß. Andererseits können *weite* Reisen gefrorener Bakterien, Sporen oder dergleichen im Weltraum deshalb niemals stattgefunden haben, weil – wie wir heute wissen – der Weltraum in seinem jetzigen Zustand erst seit einigen (höchstens etwa zwölf) Milliarden Jahren existiert.

Aber es bleibt durchaus die Möglichkeit vorhanden, daß einzellige Lebenskeime von der Erde gelegentlich (etwa bei Vulkanausbrüchen) in höchste Schichten der Lufthülle gelangen und dann durch den Strahlungsdruck der Sonne »fortgepustet« worden sind – sie könnten in seltenen Ausnahmefällen auch zum Mars gelangt und dort zu Erzeugern einer außerirdischen phylogenetischen Entwicklung geworden sein. Ob das der Fall war oder ob die Vermutung niedersten Lebens auf dem Mars ein Irrtum ist, wird die Zukunft lehren. Bestimmt unrichtig ist der Gedankengang, daß das Vorhandensein eines Mars-Lebens (*wenn* es vorhanden ist) die beliebte These stützen würde: »Wenn auf irgendeinem Planeten im Weltraum die klimatischen und anderen *Möglichkeiten* einer Lebensentwicklung gegeben sind, dann beginnt dort auch eine solche Entwicklung.« Ob das Mars-Leben, *falls* es ein solches gibt, *unabhängig* von terrestrischen *entstanden* ist, kann erst eine genaue Untersuchung lehren.

Denkbar wäre es, daß es zum Beispiel in unserer Milchstraße eine *gewisse Anzahl* von Planetensystemen gäbe, auf denen mindestens niedrige Entwicklungsstufen organischen Lebens entstanden und zur Weiterentwicklung gekommen sind. Unter diesen könnte es immerhin eine Minderzahl geben, die sogar *höhere* Entwicklungen der Lebewesen erlebt haben, die mit menschlichen Kulturen vergleichbar wären. Es muß als berechtigt angesehen werden, über die Möglichkeiten eines Gedankenaustausches mit fernen Kulturen nachzudenken.

Jedoch ist auch eine gegenteilige Hypothese vertretbar, und ich halte sie für viel wahrscheinlicher. Sie kann so ausgesprochen werden, daß die auf der Erde geschehene Entfaltung organischen Lebens eine extrem seltene, unwahrscheinliche Naturerscheinung im Kosmos ist. Tatsachen, denen genauere Besprechung ganze Bücher erfordern würde, geben Veranlassung, zu sagen, daß auf dem Planeten Erde ein *äußerst unwahrscheinliches Zusammentreffen* zahlloser voneinander unabhängiger Umstände dazu beigetragen hat, daß er durch mindestens drei Milliarden Jahre hindurch günstige Vorbedingungen für Entwicklung und Aufrechterhaltung organischen Lebens geboten hat.

Obwohl fast alle Verfasser, die sich zu diesem Thema ausgesprochen haben, die Existenz außerirdischer Intelligenzen im Weltall entschieden bejahen, gibt es doch einige Ausnahmen, deren Urteil mit dem meinigen übereinstimmt. Ich erwähne als Beispiel F. Baur * und die von ihm zitierte Literatur.

Zahlreiche Verfasser meinen, die Frage sei schon durch folgende Überlegung zu entscheiden: »Da auf unserer Erde organisches Leben vorhanden, und somit das Vorhandensein und auch die *Entstehung* von organischem Leben jedenfalls im Rahmen der *Naturgesetze* möglich ist, so *muß* diese Naturerscheinung auch auf anderen Himmelskörpern vorliegen.«

Unabhängig davon, ob die Hypothese der Exobiologie richtig oder falsch ist, muß *diese* Argumentation als abwegig betrachtet werden. Sie könnte *dann* als erwägenswert angesehen werden, wenn das Weltall *unendlich* wäre, so daß auch unendlich viele erdähnliche Planeten als Schauplätze möglicher Lebensentwicklung zur Verfügung stünden – dann könnte man es für denkbar halten, daß es auch Beispiele von Planetensystemen gäbe, die *in jedem Grade* der Ähnlichkeit mit unserer Erde übereinstimmen würden, einschließlich *aller* vorhandenen Naturerscheinungen und ihrer zeitlichen Entwicklung seit Entstehung des Kosmos. Nach dem heutigen Stande der Kosmologie** ist es aber wahrscheinlich, daß es nur *endlich viele Sterne* im Weltall gibt, also erst recht nur endlich viele *erdähnliche Planeten*. Die von uns allen anerkannte Voraussetzung einer für *alle* diese Planeten *einheitlich* geltenden Naturgesetzlichkeit ergibt dann nicht etwa die Folgerung, daß es auch viele andere Planeten mit menschenähnlichen Bewohnern gäbe; sondern sie stellt uns vor die Aufgabe, zu erwägen, wie groß die *Wahrscheinlichkeit* ist, daß auch auf einem anderen Planten eine Entwicklung von Lebewesen bis zu menschenähnlichen Intelligenzen stattgefunden hat.

Wie viele Planetensysteme es in unserer eigenen Milchstraße

---

* F. Baur, Naturw. Rdsch. *22*, *167* (1969).

** Vergl. dazu z. B. das in der 5. Auflage meines Buches »Der Naturwissenschaftler vor der religiösen Frage« Gesagte. Die dort hervorgehobenen, durch die *Paare* »antipodischer Quasare« gegebenen Argumente für positive Raumkrümmung und Endlichkeit des Weltraums waren bei Erscheinen der *früheren* Auflagen noch nicht bekannt.

gibt, ist heute noch ungeklärt. Die Fragen der *Entstehungsgeschichte* unseres eigenen Planetensystems sind unter den beteiligten Forschern noch so umstritten, daß nicht einmal Klarheit besteht darüber, ob die *Mehrheit* der 10^{11} Sonnen unserer Milchstraße je ein Planetensystem besitzt oder ob im Gegenteil schon unser Planetensystem als solches eine seltene Ausnahmeerscheinung unter den Sonnen der Milchstraße ist. Dabei ist auch zu berücksichtigen, daß die Milchstraßensonnen großenteils *Doppelsterne* sind, die als solche bestimmt *kein* Planetensystem haben können. Jedoch sprechen einige Befunde dafür, daß die Sonnen *mit* Planetensystem nicht sehr selten sind: Man weiß, daß unter den näheren Fixsternen mehrere unserer Sonne einigermaßen ähnliche auch geringfügige *Bewegungen* zeigen, die durch (uns unsichtbare) Begleiter dieser anderen Sonnen bedingt sind. Diese Begleiter sind in gewissen Fällen zu klein, um als Doppelstern-Komponenten angesprochen zu werden – sie dürften an Masse unserem Jupiter ähnlich sein. Vermutlich wird die kommende Errichtung einer Sternwarte auf dem Mond uns hierzu Genaueres sagen.

Der bekannte Astronom Hoyle schätzt die Zahl der erdähnlichen *Planeten* im *Weltall* auf etwa 10^{18}; und diese Schätzung mag als Anhaltspunkt weiterer Überlegung angenommen werden. Wir haben aber in Kapitel 3 gesehen, daß die Durchdenkung grundsätzlicher Fragen der Biologie uns auf Zahlen führt, die einem ganz anderen Größenbereich angehören, als *alle* »kosmologischen« Zahlen. Sollte uns die genauere Überlegung dazu führen, daß die Wahrscheinlichkeit für die Entstehung menschenartiger (oder noch höherer) Intelligenz auf einem bestimmten der 10^{18} erdähnlichen Planeten nicht viel größer sein würde, als der reziproke Wert etwa von Ω_0, so wäre damit gesagt, daß die auf der Erde eingetretene organische Entwicklung der Verwirklichung eines Vorgangs war, für den die Wahrscheinlichkeit, auf den ganzen Kosmos bezogen, kleiner als $10^{18}/\Omega_0$, also kleiner als die Reziproke von 10^{2982} war.

Nun besteht in Wahrheit freilich kein Anlaß, die fragliche

Wahrscheinlichkeit gerade mit Ω_0 in Verbindung zu bringen. Aber es gibt auch bestimmt keinen Grund, sie als *erheblich größer* zu vermuten. Sondern die Hypothese der *Einzigartigkeit* des irdischen Menschenlebens im Kosmos ist – solange sie nicht ausdrücklich empirisch widerlegt wird – eine durchaus vertretbare, jedenfalls logisch zulässige, und sachlich nicht unglaubhafte Vermutung.

Zum Begriff der *»erdähnlichen«* Planeten muß noch folgendes im Auge behalten werden: Natürlich handelt es sich hierbei nicht nur um Ähnlichkeit *heute*, sondern um Ähnlichkeit im Gesamtverlauf von mehreren Milliarden Jahren. Die Erde bietet uns Menschen und der Tier- und Pflanzenwelt nicht nur die Möglichkeit *heutiger* Existenz; sie hat auch die Möglichkeit einer sich über mehr als drei Milliarden Jahre erstreckenden organischen *Entwicklung* geboten. Übrigens wäre die in den letzten 200 Jahren (seit Erfindung der Dampfmaschine) gelaufene Entfaltung der Technik unmöglich gewesen, wenn sich nicht schon vor einigen hundert Millionen Jahren Steinkohlen und andererseits Erdöl gebildet hätten: Steinkohlen haben sich im Karbonzeitalter massenhaft gebildet, etwa 70 Millionen Jahre lang – schon im nachfolgenden Perm sind sie nicht mehr im gleichen Tempo vermehrt worden. Es könnte also ein *sonst* »erdähnlicher« Planet im Weltall vorhanden sein, der *keine* nennenswerten Steinkohlenlager oder Erdölmassen hätte: Dortige hochgradig menschenähnliche Bewohner wären auf der Stufe menschlicher Technik *vor* der Zeit der Dampfmaschine festgehalten geblieben.

Auch die Tatsache, daß unsere Lufthülle durch die in ihr enthaltene Ozonschicht fast das gesamte Ultraviolett der Sonnenstrahlung von der Erdoberfläche fernhält, gehört zu den für die organische Entwicklung *unentbehrlichen* Eigenschaften der Erde – auf anderen Planeten, die trotz weitgehender »Erdähnlichkeit« das volle Licht ihrer Sonne bis zur Planeten-Oberfläche durchlassen würden, könnte schwerlich eine Lebensentwicklung möglich geworden sein, weil hochgradige Ultraviolett-Empfindlichkeit aus quantenphysikalischen Gründen bei *allen* Organismen bestehen muß, auch dann, wenn sie nach hypothetischer Vorstellung mit stark abweichendem Chemismus gegenüber den uns empirisch bekannten arbeiten würden.

Diese Erwägungen könnten fast endlos fortgesezt werden. Nur noch *eines* solcher Beispiele sei erwähnt: Einer der bekanntesten Astronomen der Gegenwart, der in der Schweiz geborene, in USA wirkende F. Zwicky, hat 1968 auf einer Tagung in Texas eine eindrucksvolle Bemerkung zu diesem Thema beigesteuert. Wir wissen neuerdings, daß *Katastrophen*-Vorgänge an Sternen viel häufiger sind, als man früher ahnte. Solche Katastrophen wie zum Beispiel ein Supernova-Ausbruch (primär wahrscheinlich nicht Explosion, sondern Implosion) überstrahlt aber für einen Zeitraum von mindestens Jahrtausenden große Bereiche der Milchstraße mit tödlichen Strahlungen. Selbst dann also, wenn historische *Anfänge* einer organischen Entwicklung auf größeren Anzahlen geeigneter Planeten eingeleitet worden wären und sich durch Hunderte von Jahrmillionen infolge unwahrscheinlichen Zusammentreffens günstiger Umstände erhalten hätten, wären sie mit beträchtlicher Wahrscheinlichkeit einer Wiederausrottung verfallen, bevor sie zur Einleitung *höherer* Entwicklungen hätten kommen können.

Tatsächlich ist unsere eigene Erde in ihrer Geschichte – zu der mehr als drei Milliarden Jahre organischer Geschichte gehören – *mehrfach* von solchen Katastrophen betroffen worden, wie der Paläontologe Schindewolf schon vor Jahren wahrscheinlich gemacht hat. Sein Fachkollege Erben hat inzwischen eine eindrucksvolle Stützung dieser Theorie erzielt, indem er aus der elektronenmikroskopischen Untersuchung versteinerter Saurier-Eier ableitete, daß das große Massensterben der Saurier am Ende der Kreidezeit wahrscheinlich durch eine Mutation bedingt wurde, die in den betroffenen Individuen (vielleicht infolge Unterbindung der Erzeugung eines bestimmten Enzyms) die Ei-Ablage erschwerte: Man könnte sich gut vorstellen, daß diese Mutation durch einen Einbruch kosmischer Strahlung massenhaft zustande gebracht wurde, indem ein gewisses (bei allen Saurierarten vorhanden gewesenes) Gen hochgradig strahlenempfindlich war. Mehrfach war anscheinend das organische Leben der Erde im Laufe seiner Geschichte einer Gesamtausrottung nahegebracht. Daß diese Katastrophen *überstanden* worden sind und wohl im Endergebnis zusätzliche Anstöße der Weiterentwicklung (durch seltenere Fälle *günstiger* Mutationen) gegeben haben, darf uns nicht blind machen gegenüber der Berechtigung des Zwickyschen Einwands gegen die Exobiologie: Gab es jemals außerirdisches Leben, so war es hochgradig gefährdet durch die kosmische Strahlung. Natürlich *bleibt* das Leben auf der Erde selber auch weiterhin dieser Gefährdung ausgesetzt, selbst wenn tröstlicherweise Strahlungsausbrüche *gefährlicher*, große Teile der auf der Erde lebenden Organismen ausrottender Art nach Ausweis der Geologie nur in Abständen von einigen 100 Millionen Jahren einzutreten pflegen.

Schon die obigen vorbereitenden Erwägungen machen es zu einer echten Frage, ob die Hypothese der Exobiologen wirklich wissenschaftliche Wahrscheinlichkeit besitzt. Man kann zwar – und viele Verfasser haben sich in den letzten Jahrzehnten hiermit beschäftigt – gewissermaßen einen Wolkenkratzer von Hypothesen übereinander bauen, um sich vorzustellen, daß die Natur es fertigbrachte, auch auf anderen Planeten ähnlich zahllose Aufwärts-Schritte organischer Entwicklung zu ermöglichen, wie sie bei uns als unwahrscheinliche Ereignisse stattgefunden haben. Aber für eine objektive Beurteilung der Frage, ob mit irgendeiner erwähnenswerten Wahrscheinlichkeit die 100 Milliarden Milchstraßensonnen Gelegenheit geboten haben, noch ein zweites ähnliches Beispiel entstehen zu lassen (oder gar 1000 ähnliche Beispiele), ist mit einem solchen Empire State Building von Hypothesen-Stockwerken genau gar nichts gewonnen.

Trotzdem ist es natürlich ein wertvoller Fortschritt unseres Verstehens der Natur, daß wir neuerdings gelernt haben, wie in einer Lufthülle von der chemischen Zusammensetzung der ursprünglichen Erdatmosphäre (mit Wasserstoffverbindungen H_2O, NH_3, CH_4) durch ultraviolettes Licht sowie durch Blitze Aminosäuren entstehen konnten – chemische Bausteine für das vielleicht erst nach vielen weiteren Jahrmillionen entstandene Eiweiß niedrigster Vorstufen des Lebens. In ähnlicher Weise konnten einfache organisch-chemische Verbindungen mannigfacher Art auch zum Beispiel auf Meteoriten oder in kosmischen Gaswolken entstehen, und jede neue Tatsachenfeststellung in dieser Richtung bereichert unser Wissen. Aber zu einem Nachweis, daß die Entstehung echter Lebensformen, mindestens niedrigster Einzeller, ein im Kosmos häufig zustande gekommener Vorgang gewesen sei, wird durch alle in diesem Zusammenhang zu erwähnenden Ergebnisse nicht einmal ein *Beitrag* geleistet. Voreilige Schlüsse, die man aus gewissen Befunden an Meteoriten ziehen wollte, sind nicht über das Stadium angezweifelter, umstrittener Behauptungen hinausgekommen.

III

Vor allem aber gibt das organische Leben der Erde selbst nicht nur Hinweise darauf, sondern auch klare *Beweise* dafür, daß wir es hier mit einer Naturerscheinung zu tun haben, die in kosmischen Maßstäben als überaus selten und ungewöhnlich bezeichnet werden muß. Schon damals, als Ernst Haeckel begann, einen historischen Stammbaum der Tierarten zu ermitteln – wobei er trotz Korrekturbedürftigkeit mancher Einzelheiten in großen Zügen das Richtige getroffen hat –, begann eine Grundtatsache der Geschichte des Lebens auf unserer Erde sichtbar zu werden, die man hingenommen hat, ohne ihre Merkwürdigkeit zu beachten: Nämlich die Tatsache, daß *alle* Arten von Lebewesen auf unserem Planeten aus einer *einzigen historischen Wurzel* stammen. Das ist keineswegs eine Selbstverständlichkeit, sondern sehr eigentümlich. Es ist also nicht so gewesen, daß in ältesten Abschnitten der Erdgeschichte durch verschiedene Vorgänge *wiederholte* Anfänge einer Lebensentwicklung aus dem Anorganischen heraus stattgefunden haben; sondern nur *einmal* ist der Natur der Schritt gelungen, der zu ersten vermehrungsfähigen Lebenseinheiten geführt hat – alle späteren Entfaltungen des Organischen sind aus der Nachkommenschaft dieses einmaligen Anfangs entstanden. Dies trat, wie gesagt, schon in der Gestalt des HAECKELschen Stammbaums der Tierarten andeutungsweise hervor: Es ist später mit geradezu erdrückender Beweiskraft durch eine erst seit 1900 entstandene Wissenschaft klargestellt worden, von der HAECKEL kaum etwas ahnte, da sie erst nach seinem Tode zu ihrer vollen, wunderbaren Entfaltung gelangte. Gemeint ist die *Vererbungslehre* oder *Genetik,* die aus der 1900 erfolgten Wiederentdekkung der MENDELschen Gesetze hervorgegangen ist und sich dann in stürmischer Entwicklung zur heutigen Molekularbiologie und Quantenbiologie entfaltete. In der Entdeckung des CRICK-WATSONschen Modells des Gen-Moleküls hat sie einen Höhepunkt erreicht, der nicht einen Abschluß, sondern den Ausgangspunkt einer noch umfassenderen Weiterentwicklung ergab.

Mit unabweisbarer Deutlichkeit zeigt uns die Genetik und Molekularbiologie eine Tatsache, die man den *monophyletischen Charakter* der biologischen Erscheinungswelt nennen könnte: Alles uns bekannte organische Leben bildet eine große Verwandschafts-Einheit. Es ist nicht etwa aus verschiedenen Ursprüngen zusammengewachsen (so, wie später die *Flechten* als eine Symbiose von Algen und Pilzen zustande kamen), sondern es ist die Nachkommenschaft historisch ältesten, in der Erdgeschichte *nur einmal entstandenen* Lebens auf der chemischen Grundlage von Nukleinsäure und Eiweiß. Der Vorgang erstmaliger Lebensentstehung – Milliarden von Jahren zurückliegend – stellte einen so außergewöhnlichen, so überaus unwahrscheinlichen Vorgang dar, daß die Natur ihn auf der Erde nur ein einziges Mal zustande bringen konnte.

Dies ist wichtig für die Frage, ob es wahr ist, daß jeder bewohnbare Planet – bewohnbar jedenfalls für einzellige Lebewesen – auch eine Entstehung und Entwicklung dortigen organischen Lebens erfahren muß. (Etwas der *Zellstruktur* irdischer Organismen Analoges wird man vermuteten extraterrestrischen Organismen zuschreiben *müssen* – auch bei freiester Zulassung denkbarer chemisch-physikalischer Hypothesen betreffs der Struktur dieser hypothetischen Gebilde. Als *Definition* des »Organischen« wird man unvermeidbarerweise den oben (Kapitel 2) betrachteten STAUDINGERschen Satz zugrunde legen müssen.)

Wenn diese Frage zu bejahen wäre, dann müßte es (mindestens solange die Erde erst *geringe* Mengen von mikrobischen Lebewesen auf sich trug) *wiederholte* Anfänge einer Lebensbildung gegeben haben: Die Bildung von Flechten (in mehr als 17 000 heute bekannten Arten) ist ja tatsächlich *mehrfach* vollzogen worden; denn es sind in dieser Symbiose sehr verschiedene Partner-Arten vertreten. Empirisch gibt es aber keine Anzeichen für wiederholte, mehrfache Lebensentstehung auf der Erde.

So macht also schon die aufs Terrestrische beschränkte naturwissenschaftliche Forschung die hypothetische Meinung zweifelhaft, daß die Natur überall dort, wo eine den Fortgang der Lebenstätigkeit erlaubende Umgebung vorhanden ist, auch binnen kurzem zur Entstehung von Leben vorschreitet – wobei statt der uns bekannten Lebensformen, auf der Chemie des Kohlenstoffs aufgebaut, auch abweichende chemische Möglichkeiten als denkbar zugelassen werden könnten. (Daß schon *innerhalb* des Rahmens des auf Nukleinsäure und Eiweiß beruhenden irdischen Lebens *erhebliche* chemische Verschiedenheiten möglich sind, beweisen zum Beispiel die heute recht unbedeutenden Eisenbakterien, die ihre Lebensmöglichkeit aus dem Energieunterschied von Ferro- und Ferri-Verbindungen gewinnen: *Vielleicht* haben sie erdgeschichtlich einmal eine große Rolle gespielt, als die heute maßgeblichen Formen organischer Energiegewinnung erst unvollkommen ausgebildet waren.)

Das oben Ausgeführte ist eine naturwissenschaftliche Theorie – nicht ein aus Gefühlen oder Wünschen abgeleiteter Glaube. Vielleicht wird die Untersuchung des Mars (wenn er *doch* organisches Leben besitzen sollte) scharfe Prüfungsmöglichkeiten dafür ergeben.

Eine andere Grundtatsache der Biologie zeigt uns ergänzend noch viel schärfer als das Obige, daß die Entstehung von Leben als nur *einmaliger* Vorgang in der Erdgeschichte vollzogen ist.

Ich meine hiermit die den Biochemikern seit etwa einem Jahrhundert empirisch bekannte Tatsache der *Nicht-Razemie* aller komplizierten Moleküle in lebenden Organismen: Zu vielen (sogar den meisten) in den Organismen massenhaft auftretenden komplizierten Molekülarten *fehlen* ihre *Spiegelbilder*. Es ist bezeichnend für die Merkwürdigkeit dieser Tatsache, daß bis in unsere Zeit nicht einmal ein ernsthafter *Versuch* der theoretischen Deutung dieser Tatsache gemacht worden ist – während in so vielen anderen noch ungeklärten Fragen der Naturforschung (zum Beispiel der Selenologie) eine Vielheit von umstrittenen Erklärungsversuchen im Wettbewerb steht.

Der einzige bislang vorgetragene Deutungsversuch (von *offensichtlich* mißglückten Versuchen abgesehen) ist vom Verfasser 1944 veröffentlicht*, aber aufgrund der Verhältnisse am Ende des zweiten Weltkrieges nur in geringem Umfang wissenschaftlich bekannt geworden. Da ich diesen Punkt in meinem Buche »Der Naturwissenschaftler vor der religiösen Frage« mit einiger Ausführlichkeit besprochen habe, möge an dieser Stelle ein ganz kurzer Hinweis genügen: Ich sehe in der organischen Nichtrazemie einen Beweis dafür, daß der Vorgang der »Urzeugung« (um Haeckels berühmte Bezeichnung einmal anzuwenden) darin bestand, daß *ein einziges Molekül* mit der Eigenschaft, sich (in geeigneter chemischer Umgebung) »autokatalytisch« *vermehren* zu können, durch einen erdgeschichtlich *einmaligen* mutativen Quantensprung hervorging aus einem noch nicht vermehrungsfähig gewesenen Molekül. *Ohne* Anerkennung eines *extrem unwahrscheinlichen*, aber *einmal* doch zustande gekommenen molekularen Quantensprunges kann man das organische Leben – so, wie es empirisch ist – nicht verstehen.

Daß in der Phylogenie anscheinend gewisse Mutationen (= Quantensprünge) eine bedeutungsvolle Rolle gespielt haben, obwohl (oder vielleicht sollte ich lieber sagen: *weil*) sie so unwahrscheinlich waren, daß sie erdgeschichtlich *nicht wiederholt* worden

---

* P. Jordan, Naturwiss. 1944.

sind, ist in Kapitel 3 besprochen worden. Ein weiteres lehrreiches Beispiel beobachteter Tatsachen ist dieses: Man hatte in den Zitrus-Plantagen des kalifornischen Bereiches gewisse Schädlingsinsekten durch ein Gift fast ausgerottet. Aber später wurden die Insekten immun gegen dieses Gift. Die Beobachtungsergebnisse zeigen nun in kartographischer Aufzeichnung, daß zunächst nur an einem bestimmten Ort die durch eine Mutation veränderten, immun gewordenen Schädlinge auftraten – von diesem Ort aus breiteten sie sich in den nachfolgenden Jahren immer weiter aus. Also stammte die ganze neue Insektenrasse, die immune Rasse, aus der Nachkommenschaft eines einzigen Insekts, das in einer seiner Keimzellen diese höchst unwahrscheinliche Mutation erlebt hatte.

Ein anderes Beispiel, das ich nur kurz erwähnen möchte, setzt Kenntnis des Begriffs der Chromosomen-Mutationen voraus, wodurch seine genauere Erläuterung für Nichtspezialisten etwas umständlich wäre. In dem berühmten schon erwähnten Buch von Dobshanski ist erläutert, daß man einen ganzen Stammbaum von (amerikanischen) Drosophila-Varietäten aufstellen konnte, die durch wiederholte Chromosomen-Mutationen aus einander hervorgegangen sind. Auch dieser Stammbaum scheint mir zu zeigen, daß jede der fraglichen Chromosomen-Mutationen nur *einmalig* in der Art-Geschichte der Drosophila wirksam geworden ist.

Die nicht mehr zu bezweifelnde, aber bislang noch viel zu wenig untersuchte Rolle *seltener* beziehungsweise erdgeschichtlich *einmaliger* Mutationsschritte muß sicherlich auch bei weiterer Prüfung der in Kapitel 3 berührten Frage beachtet werden, ob zufällige Mutationen zusammen mit Selektion ausreichen, die Phylogenie verständlich zu machen, oder ob hier irgendein *richtender, lenkender* Faktor mitgewirkt hat. Es wäre eine Verschleierung realer geistiger Vorgänge, wenn man verschweigen wollte, daß die *Neigung* jedes Verfassers, die eine oder die andere Antwort vermutungsweise zu bevorzugen, durch seine außernaturwissenschaftliche weltanschauliche Einstellung mitbedingt ist Die vielen Zeitgenossen, die schon bei *Erwähnung* des Wortes »Religion«

Angstgefühle bekommen, werden geneigt sein, mit besonderer Heftigkeit den naheligenden Gedanken abzuweisen, daß in der Phylogenie etwas wie spielerische Schöpferlaune mitgewirkt haben könnte. Aber obwohl selbstverständlich religiöse Denkmotive nicht die Rolle naturwissenschaftlicher Beweismittel übernehmen können, so ist es doch einwandfrei legitim, sie gelegentlich als Motive für die Diskussion von *Arbeitshypothesen* zuzulassen. Wenn sie uns Arbeitshypothesen liefern, oder uns auf *Fragen* hinweisen, an die man sonst vielleicht nicht gedacht hätte, so kann dies für die wissenschaftliche Weiterentwicklung nur *anregend* und förderlich sein, so lange wir uns klar bewußt bleiben, daß es sich eben um *Fragen* an die Naturwissenschaft handelt und daß die *Antworten* mit rein naturwissenschaftlicher Methodik zu erarbeiten sind.

Bezüglich der Phylogenie ist die bei uns angesichts so *vieler* zu einer kritischen Beurteilung der Zufallsselektion neigenden Verfasser entstehende Frage jedenfalls einer rein naturwissenschaftlichen *Formulierung* (*als* Frage) zugänglich. Wenn wir den (wahrscheinlich sehr weiten) Umfang phylogenetisch entscheidend bedeutsamer einmalig erfolgter Mutationen wesentlich besser kennen würden, als es heute der Fall ist – würden wir dann diese einmaligen Mutationen (im Sinne einer sie *im Ganzen* betrachtenden Statistik) als durch bloßen Zufall erklärbar ansehen können? Oder wäre die historische *Häufigkeit* dieser immer wieder am Material der terrestrischen Phylogenie ausgeübten Einmaligkeiten groß genug, uns den Eindruck einer Absicht oder Lenkung aufzudrängen?

IV

Die oben zitierten Ausführungen von E. Benz erläutern deutlich, warum dem theologischen Verständnis eine *Sonderstellung* des Planeten Erde annehmbarer erscheinen muß, als die heute so verbreitete Meinung, Kopernikus habe mit der astronomischen Entthronung der Erde auch die Entthronung des Menschen – seine Verstoßung aus der Stellung eines im Kosmos einzigartigen und unvergleichlichen Wesens – notwendig gemacht. Die christliche

Lehre bescheinigt dem Menschen seine Einzigartigkeit in zweifacher Weise, die durch die Worte *Gottesebenbildlichkeit* und *Golgatha* bezeichnet werden kann.

Unter den verschiedenen großen Weltreligionen ist die christliche diejenige, die die *konkretesten* Aussagen macht: Sie enthält nicht nur die monotheistische Grundbehauptung eines personalen Schöpfers und Regierers der Welt, sondern schreibt diesem auch so konkret-persönliche Eigenschaften zu, daß er menschen-ähnliche Züge annimmt; sie unterstreicht dies durch die es gleichsam umkehrende Aussage der Gottesebenbildlichkeit des Menschen. In seinem glänzenden Buche »Sinfonia Vaticana* hat R. RAFFALT bei Beschreibung der Sixtinischen Kapelle dem ersten Bilde in der Reihe der von MICHELANGELO gemalten Darstellung der Heilsgeschichte eine geistvolle Ausdeutung gegeben. Dieses Bild stellt Gott selber dar, Licht und Finsternis teilend, und RAFFALT weist darauf hin, daß zwar sein Haupt erkennbar, aber sein Antlitz fast unerkennbar sei. Damit habe der Maler, so meint RAFFALT, wahrscheinlich ausdrücken wollen, daß Gott selber Gestalt annehmen mußte, damit der Mensch sein Ebenbild werden konnte.** Noch eindrucksvoller kommt die christliche *Konkretheit* in den Vordergrund durch die Bezugnahme auf den konkreten Jesus von Nazareth, in dem der Mensch gewordene Christengott seine Selbstopferung für die Menschen vollzog. Gegenüber dem abstrakteren Gehalt der sonstigen großen Weltreligionen trägt das Christentum in dieser Konkretheit das Siegel einzigartiger Wahrheit.

Trotzdem wird ein gläubiger Christ nicht daran zweifeln, daß Gott, wenn er es wollte, auch auf anderen Himmelskörpern Wesen entstehen lassen konnte, die dem Menschen (trotz anderer anatomischer Gestalt und anderer chemischer Physiologie) geistig-seelisch ähnlich sein könnten: Es steht uns gewiß nicht zu, solche Wesen eifersüchtig aus dem Kosmos fortzuwünschen. Immerhin würde ihr etwaiges Vorhandensein – *wenn* es sie gäbe – uns das

---

* München 1966.

** Nach freundlicher Auskunft von E. BENZ sind ähnliche Gedanken schon in der Theologie der ersten christlichen Jahrhunderte aufgetaucht.

menschliche *Verstehen* des Weltalls und der Heilsgeschichte schwerer machen.

So hat mir ein befreundeter Astronom, der selber die Richtigkeit der exobiologischen Hypothese für wahrscheinlicher hält, als ihre Unrichtigkeit, die Bemerkung vorgetragen, daß eine neue Fassung christlicher Theologie und Anthropologie erarbeitet werden müßte, um dem wahrscheinlichen Vorhandensein extraterrestrischer Intelligenzen Rechnung zu tragen. Wie aus Obigem zu ersehen ist, halte ich es für noch wahrscheinlicher, daß uns diese Aufgabe gar nicht gestellt ist.

Die oft geäußerte Meinung, es sei mit Erschaffung eines ganzen Weltalls eine unbegreifliche Verschwendung getrieben, wenn nur *ein einziger Planet* in einer unwahrscheinlichen Bevorzugung zum Träger organischen Lebens (und intelligenten Lebens) werden sollte, kann man abtun mit dem Hinweis, daß der Schöpfer (unabhängig davon, ob wir ihn christlich-personal oder areligiös-urknallig denken) nicht verpflichtet war, uns ein Vorbild der Sparsamkeit zu liefern. Dennoch erzeugt die oben naturwissenschaftlich gerechtfertigte (als vertretbare wissenschaftliche Hypothese dargestellte) Vorstellung *kosmischer Einsamkeit* des Menschen ein Gefühl des Unbefriedigtseins, dem man die wissenschaftliche Gewichtigkeit zwar absprechen kann, ohne es jedoch hiermit voll zu erledigen. Äußerungen *heutiger* Theologen zu diesem Problem liegen nur in geringer Anzahl vor, wovon schon oben einige erwähnt wurden; beispielsweise der katholische Theologe W. SCHAMONI, der dazu neigt, das Vorhandensein menschen-verwandter Bewohner auf anderen, entfernten Planeten zu bejahen – in der besonderen, mir unglaubhaft scheinenden Form, daß diese entfernten Leidensgenossen vielleicht ein sündenfreies und somit nicht erlösungsbedürftiges Dasein führen könnten. Der evangelische Theologe P. SCHÜTZ hat einmal den Gedanken angedeutet, die fremden, anderen Sonnen des Weltalls könnten »Rohmaterial« für spätere neue Schöpfungen sein.

Es scheint mir aber, daß eine rein naturwissenschaftliche Erkenntnis, die sich erst in den letzten Jahren aus scharfsinnigen theoretischen Untersuchungen mehrer Verfasser ergeben hat, uns den Schlüssel zu einem *wirklichen* Verständnis der Vermutung gibt, daß die Naturerscheinung des organischen Lebens (bis zum Menschen hinauf) sich *begrenzt* hat auf unser eigenes kleines Planetensystem, während ein ganzes Weltall sonst unbelebt geblieben ist. Es handelt sich um den Zusammenhang zwischen irreversibler »Entropie-Vermehrung« und der »Expansion des Weltalls«. Diese Erkenntnis scheint mir – rein naturwissenschaftlich betrachtet – ein *wesentlicher* Beitrag zu einem beginnenden Gesamtverständnis der Natur zu sein. Er hat auch bemerkenswerte Zusammenhänge zu einer physikgeschichtlich bedeutsamen Diskussion zwischen EINSTEIN und RITZ, worüber ich in einem anderen Buche berichtet habe.* Für unsere jetzigen Zwecke ist aber die weltanschauliche Bedeutung dieser Erkenntnis noch wichtiger als die rein naturwissenschaftliche.

V

Jeder Physiker oder Chemiker weiß, daß der Begriff und das Gesetz der *Entropie* nicht weniger wichtig ist, als der (und das) der *Energie*. Aber für nicht wenige Leser mag eine kurze Erläuterung zum Begriff der Entropie willkommen sein – über die der bereits unterrichtete Leser schnell hinweg lesen kann.

Der Entropie-Begriff beruht auf der Tatsache, daß die physikalischen (und chemischen) Vorgänge zum (großen) Teil *irreversibel* sind: nicht umkehrbar. Das Gegenteil davon, nämlich »reversible« Vorgänge, haben wir z. B. in den Planetenbewegungen, aber auch bei der Fallbewegung eines Steines in einem Vakuumgefäß. Diese reversiblen Bewegungen sind von der erdrückenden Mehrzahl sonstiger Vorgänge dadurch verschieden, daß sie *reibungsfrei* verlaufen – und sie könnten deshalb auch in *umgekehrter* Richtung erfolgen, gewissermaßen das *zeitliche Spiegel-*

---

* P. Jordan: Albert Einstein. Sein Werk und die Zukunft der Physik. Frauenfeld (Schweiz) 1969.

bild ihrer tatsächlich erfolgenden Bewegung bietend. Wenn aber mein Schreibstift über das Papier geht und durch *Reibung* einen kleinen Betrag mechanischer Energie umwandelt in eine Wärmemenge, so kann diese Umwandlung *nicht* etwa dadurch rückgängig gemacht werden, daß ich den Stift in umgekehrter Bewegungs-Richtung noch einmal über das Papier führe. Ebensowenig kann der Anteil an elektrischer Energie, welcher beim Stromdurchgang durch einen Leitungsdraht in »JOULEsche« Wärme umgewandelt wird, durch Umkehrung der Stromrichtung zurückverwandelt werden – im Gegenteil wird ein neuer Stromdurchgang in entgegengesetzter Richtung *nochmals* Wärme aus elektrischer Energie entstehen lassen. Das Gesetz der Energieerhaltung versichert uns ja, daß bei allen diesen Umwandlungen niemals Energie *verloren* geht – Wärme ist *auch* eine Energieform, und jeder Verlust an mechanischer oder elektrischer Energie findet sich in einer ihr genau entsprechenden Wärmemenge wieder. Aber es ergibt sich eine »Entwertung« von Energie bei jeder irreversiblen Umwandlung. CLAUSIUS hat im vorigen Jahrhundert in tiefer Durchdenkung geklärt, daß diese Entwertung *meßbar* gemacht werden kann: Es gibt eine physikalische Größe – CLAUSIUS hat sie die »Entropie« genannt –, die bei jedem irreversiblen Vorgang *zunimmt*.

Wenn beispielsweise zwei Körper von verschiedener Temperatur durch Berührung oder auch durch Austausch von Wärmestrahlung zum *Ausgleich* ihrer Temperaturen kommen (die beiden Körper seien gemeinsam in einem Gefäß mit unbeweglichen und *nicht* wärmeleitenden Wänden eingeschlossen, gegen jede äußere Einwirkung geschützt), so bleibt zwar die Summe ihrer Energien unverändert erhalten; aber ihre Entropie nimmt zu – auch dieser Temperaturausgleich ist irreversibel. Man kann zwar – zum Beispiel in einer Dampfmaschine – Wärmemengen in mechanische Energie verwandeln, aber *nur so,* daß im Gesamtvorgang keine Entropie-Verkleinerung (sondern eine Entropievergrößerung) zustande kommt.

Die Folgerungen dieses Entropiegesetzes für alle praktischen

Vorgänge unseres täglichen Lebens sind so beherrschend, daß wir sie als vollkommene Selbstverständlichkeit zu betrachten pflegen; und sie sind so unentbehrlich als *bestimmende* Gesetze aller physikalisch-chemischen Abläufe, daß das Alltagsdenken sie in ungeklärter Vorstellung weitgehend mit einbezieht in unsere Alltags-Kausalitätsvorstellung. Wie sollte man sich menschliches Leben vorstellen, wenn wir uns nicht darauf verlassen könnten, daß ein Topf mit Wasser über dem Feuer heiß wird und daß heiße Speisen auf dem Teller sich abkühlen – das alles ist aber in erster Linie *nicht* Folgerung *kausaler* Naturgesetzlichkeit, sondern Folgeergebnis des Gesetzes der Entropievermehrung. Dieses Gesetz in seiner umfassenden Gültigkeit ist Grundvoraussetzung dafür, daß es auf der Erde die Möglichkeit von *Leben* gibt: Nicht nur menschliches und tierisches, sondern auch pflanzliches Leben wäre unmöglich *ohne* Gültigkeit des Entropiegesetzes.

Als man zu Boltzmanns Zeit (in der zweiten Hälfte des vorigen Jahrhunderts) bemüht war, die »*kinetische* Theorie der Wärme«, insbesondere die kinetische Gastheorie auszubilden, sah man sich einer grundstzlichen Schwierigkeit gegenüber: Die Bewegungen einzelner Moleküle – etwa in einem Gase – sollten *reversibel* verlaufen. Wieso kann dann aber das Grobgeschehen an bewegten Gasmassen (man denke zum Beispiel an das Ausströmen einer in einer Preßluftflasche aufbewahrten Gasmenge nach Öffnen des Verschlusses) das Gesetz der Irreversibilität erfüllen, wenn es sich doch nur um das Ganze der Bewegungen der Gasmoleküle handelt, und diese in jedem Einzelfall *reversibel* sind?

Es ist dem genialen Boltzmann gelungen, einen mathematischen *Beweis* dafür zu liefern, daß die in der Gasmasse vor sich gehenden Bewegungen und Zusammenstöße der Moleküle tatsächlich für alle Einzelheiten des »makrophysikalischen« Grobgeschehens die Erfüllung des Entropie-Gesetzes gewährleisten. Man hat sich gern seit dieser Boltzmannschen theoretischen Entdeckung über dies Problem beruhigt: Es schien für ganze Generationen von Physikern so zu sein, daß Boltzmann die volle Lösung des Problems erreicht und die Erzeugung von Irreversibilität aus einem Massengeschehen von reversiblem Mikro-Vorgängen heraus bewiesen hätte.

Erst in den letzten Jahren sind einige scharfe Köpfe (wie WHEELER, HOGARTH, BONDI, NARLIKAR) darauf gekommen, daß die Sache in Wirklichkeit anders liegt. Es muß anerkannt werden, daß Irreversibilität in Wahrheit *nicht* aus Reversibilität entstehen kann, und daß BOLTZMANN – da man ja nichts Unmögliches mathematisch beweisen kann – keineswegs *diesen* Beweis geliefert hat. Sondern eine genauere Prüfung und Zergliederung seiner Überlegungen (die stets einer der wertvollsten Bestandteile physikalischer Erkenntnis *bleiben* werden) zeigt, daß in unauffälliger Weise die Irreversibilität in die *Voraussetzungen* seines Beweises mit hineingenommen war (in Gestalt seines berühmten »Stoßzahlansatzes«). Das wirkliche Ergebnis seiner Überlegung ist also, daß man schon in das statistische Gesetz der Zusammenstöße der Gasmoleküle die Irreversibilität hineinlegen – also das Entropie-Gesetz gewissermaßen als ein nicht nur die Makrophysik, sondern auch die Mikrophysik beherrschenden Gesetz anerkennen muß.

Damit wird nun in ganz neuer Weise die Frage nach dem *Grunde* des Entropiegesetzes gestellt. Die erwähnte neue Erkenntnis (erst wenige Jahre alt) ist diese: Der Kosmos ist *deshalb* dem Entropiegesetz unterworfen, weil er *expandiert* (im Sinne der HUBBLE-Expansion, über die im kosmologischen Kapitel meines Buches »Der Naturwissenschaftler vor der religiösen Frage« ausführlicher gesprochen ist).

Man kann es auch so ausdrücken: »Das Entropiegesetz gilt deshalb, *weil der Nachthimmel schwarz ist*«. Diese Grundtatsache aller menschlichen Erfahrung ist nämlich ebenfalls etwas im Grunde *Erstaunliches* – an ihr *scheitert* die Weltvorstellung GIORDANO BRUNOS, wie einige scharfe Denker (ZÖLLNER, OLBERS) schon im vorigen Jahrhundert entdeckt haben.

Könnten wir uns mit einem Raumschiff in die Mitte zwischen Milchstraße und Andromedanebel begeben, so würden wir von dort aus das Himmelsgewölbe *sehr* schwarz sehen: Kein einziger Stern wäre uns als einzelner sichtbar, nur die wenigen nächstbenachbarten Milchstraßen würden unserem Auge schwache Lichteindrücke geben. *Deshalb* würde eine dort einsam brennende *Kerze* ihr Licht nach allen Richtungen hin ausstrahlen, ohne vom Weltall wesentlich mehr als die »Urknallstrahlung« (von der Temperatur 3° absolut) zurückzuerhalten.

Grundsätzlich ist es zwar so, daß das Licht der Kerze von jedem Stern, dem es begegnet, ein wenig zurückgeworfen wird. Aber die allermeisten Sterne sind so weit entfernt von der Kerze, daß sie das zu ihnen gelangte Licht der Kerze nur mit sehr großer Hubblescher *Rotverschiebung* zurückliefern können – aus *diesem* Grunde bekommt die Kerze *fast nichts* von ihrer ausgestrahlten Energie zurück.

Mit anderen Worten kann man (als Ergebnis der modernen genauen theoretischen Durchdenkung der Verhältnisse) sagen, daß das Entropie-Gesetz darauf beruht, daß der Kosmos drei Eigenschaften hat:

1. Er ist *sehr groß* und in hohem Maße *durchsichtig*, so daß ein in ihm dahinfliegendes Lichtquant in der Regel in ungeheure Fernen vordringen wird, bis es einmal auf Materie stößt.

2. Er *expandiert*, so daß alle sehr weit entfernten Lichtquellen eine erhebliche Hubblesche Rotverschiebung zeigen.

3. Er enthält immerhin so viel Materie, daß jedes Lichtquant schließlich einmal in der Ferne absorbiert werden wird.

Auch der dritte Punkt ist wichtig, obwohl das in unserer auf Andeutung beschränkten Darstellung kaum verständlich werden kann.

VI

Was wir im Abschnitt V dieses Kapitels besprochen haben, ist zunächst eine rein physikalisch-kosmologische Angelegenheit: Diese überraschende Feststellung einer Bedingtheit des Entropiegesetzes durch die Expansion des Weltalls ist zwingend für jeden die Wahrheiten der Physik Anerkennenden, unabhängig von seiner weltanschaulichen Einstellung. Die damit vollzogene Vertiefung unserer Erkenntnis muß von jedem Sachkundigen als ähnlich bedeutungsvoll und umwälzend gegenüber bisherigen Vorstellungen empfunden werden, wie die großen Erkenntnisse, die uns im Zusammenhang der Relativitäts- und Quantentheorie geschenkt worden sind – also Relativierung der Gleichzeitigkeit, Äquivalenz von Masse und Energie, Quantensprünge und Akausalität, Dualismus von Wellen und Korpuskeln, Komplementarität. (Der Verfasser neigt dazu, auch die aus einem Gedanken DIRAC's abgeleitete Theorie der *Erdexpansion** zu den grundsätzlich bedeutsamen Erkenntnissen unserer Jahrhunderte zu rechnen, obwohl sie zur Zeit noch weit davon entfernt ist, allgemeine Anerkennung zu finden.) Aber für unsere jetzige Betrachtung ist die *weltanschauliche* Bedeutung des Zusammenhanges von Entropie und kosmischer Expansion das Wichtigste.

Man wird vermuten dürfen, daß zwischen den verschiedenen Verfassern, die die exobiologische Hypothese entweder zu bejahen oder zu verneinen geneigt sind, die *Gemeinsamkeit* besteht, daß sie die Entfaltung von organischem Leben und von bewußtem Denken und Erkennen als Höhepunkt der kosmischen Entwicklung bewerten. Wenn nun der Eindruck entstehen könnte, daß aufgrund einer Verneinung der exobiologischen Hypothese – also aufgrund der Vermutung kosmischer Einsamkeit des Menschen – die tatsächlich erfolgte Lebensentwicklung ein unbefriedigendes, unglaubwürdiges Verhältnis zwischen Aufwand und Erfolg sehen ließe, so wird dieser Eindruck durch die besprochene kosmologisch-physikalische Erkenntnis in überraschender Weise zurechtgerückt. Denn diese neue Erkenntnis sagt uns ja, daß es im Rahmen der Naturgesetzlichkeit gar nicht möglich wäre, sich *einen bewohnbaren Planeten* vorzustellen – mit Erfüllung des Entropiegesetzes als einer Voraussetzung dieser Bewohnbarkeit – *ohne* zu dem gedachten Planeten auch den Hintergrund eines gewaltigen Weltalls hinzuzudenken.

---

* Vergl. P. Jordan: Die Expansion der Erde. Braunschweig 1966.

Kapitel 5

Glaube und Ideologie

I

Im geistigen Leben der Antike war noch vieles verbunden, was heute in getrennte Sondergebiete aufgeteilt ist. Philosophie, Mathematik und Naturwissen wurden weitgehend als Einheit empfunden und gepflegt. Die spätere Aufteilung in »Fachgebiete« ist nicht nur Ausdruck und Auswirkung der Tatsache, daß der angewachsene Wissensstoff es für jeden Einzelnen zunehmend unmöglich machte, mehr als *Ausschnitte* davon zu übersehen; sondern in dieser von der antiken Denkweise so verschiedenen Entwicklung drückt sich auch eine Veränderung der methodischen Einstellung zum Wissen und Wissenserwerb aus. Die *empirische Methode*, uns längst zur Selbstverständlichkeit geworden, hat sich nur langsam gegenüber anderen Auffassungsweisen durchgesetzt, aber schließlich doch in umfassender Weise und mit unwiderstehlicher Kraft.

Nur unserer historischen Einfühlung in Vorstellungen älterer Zeit kann verständlich werden, in welchem Maße einstmals die Autorität des Aristoteles das geistige Leben des Mittelalters beherrschte; und wir neigen dazu, es als paradox zu empfinden, daß gelehrte Zeitgenossen Galileis sich weigerten, durch das von ihm erfundene Fernrohr zu sehen, weil die dadurch erkennbar gewordenen Sonnenflecke den Aussagen des Aristoteles über die Sonne widersprachen. Aus dieser Paradoxie können wir nachdenklich entnehmen, wie weit das von uns als selbstverständlich Empfundene davon entfernt war, früheren Stufen menschlicher Geistesentwicklung ebenfalls selbstverständlich (oder überhaupt verständlich) zu sein.

Die von den das Fernrohr verabscheuenden Zeitgenossen Galileis gehegte Grundvorstellung war offenbar, daß in den Schriften des Aristoteles bereits die Summe alles menschenmöglichen Naturwissens enthalten und endgültig niedergelegt sei. Es erschien ihnen also als die naturgemäße und einzig richtige Methode, beim Auftauchen irgendeiner die Sonne betreffenden *Frage* zu den Schriften des Aristoteles zu greifen und nachzulesen, was dort über die Sonne gesagt ist. Im Falle der Sonnenflecken, die GALILEI in seinem Fernrohr zu sehen behauptete, war nicht allein ihre Nichterwähnung bei ARISTOTELES festzustellen, sondern es waren auch ausdrückliche Versicherungen – die vollkommene Reinheit der Sonne betonend – dort vorhanden, die als klare Verneinung einer solchen Möglichkeit angesehen werden konnten. Es war folgerichtig, daraufhin das Fernrohr als ein diabolisches, Irrtum und Verwirrung erregendes Instrument zu betrachten.

Dies um so mehr, als – wie BLUMENBERG in einer feinsinnigen Studie betont hat* – der Stil des damals neuen Denkens, wie GALILEI ihn vertrat, nicht nur die Autorität des ARISTOTELES angriff und mißachtete, sondern auch einschneidend eine veränderte Auffassung unserer Wirklichkeitserkenntnis einleitete. Unter den Zeitgenossen des GALILEI kann natürlich diejenige Zuspitzung grundsätzlicher Ablehnung, die in der Verweigerung eines eigenen Blikkes ins Fernrohr gipfelte, nicht die allgemeine Einstellung gebildeter Menschen gewesen sein – es kann sich nur um den gelehrten Fanatismus von ARISTOTELES-Spezialisten gehandelt haben. Man wußte ja, daß in der Antike Männer wie PLINIUS Naturtatsachen zusammengetragen hatten, die aus der beobachtenden Anschauung der Natur entnommen waren; und auch das von ARISTOTELES zusammengefaßte Wissen mußte ursprünglich aus Erfahrungen und Beobachtungen gesammelt sein, deren *Ergänzung* durch neue Beobachtungen nicht völlig abgelehnt werden konnte.

GALILEI aber verlangte nicht nur, daß man neue, in den Schriften des ARISTOTELES nicht erwähnte, ihnen sogar widersprechende Naturtatsachen aus der Beobachtung entnehmen und anerkennen sollte; sondern er verlangte auch die weitergehende Anerkennung, daß die Naturtatsachen keineswegs offen vor unserem Auge liegen, sondern zum überwiegenden Teil unseren Sinnen *verborgen* sind, so daß sie mit Instrumenten und Experimenten künstlich

---

* Galileo Galilei, Sidereus Nuncius, Nachricht von neuen Sternen. Herausgegeben und eingeleitet von H. Blumenberg. Frankfurt am Main 1965.

ans Licht gezogen werden müssen: Die Ablehnung dieses experimentierenden und messenden Erkenntnis-Suchens ist später noch von GOETHE und von SCHILLER in berühmten Worten ausgesprochen worden.

Die Philosophen späterer Jahrhunderte haben zwar dem vordringenden Empirismus der Naturforschung Zugeständnisse gemacht, aber doch immer wieder eine Hauptaufgabe darin gesehen, nachzuweisen, daß die wesentlichen, entscheidenden Grunderkenntnisse des Menschengeistes *nicht* aus der Empirie entstanden sind, sondern andere Quellen besitzen. Zwar war es nicht möglich, noch einmal bestimmten Büchern oder Verfassern Autorität vom Gewicht eines ARISTOTELES zu verleihen. Wohl aber haben philosophische Bemühungen von Jahrhunderten einen Höhepunkt erreicht in der Versicherung KANTS, daß die höchstrangigen Erkenntnisse »a priori« gegeben, dem Menschengeiste eingepflanzt, eingeboren seien – derart, daß sie geradezu vorschreiben, in welcher Gestalt, in welcher Verhüllung die unerkennbare objektive Wirklichkeit, das Ding an sich, uns in der Erfahrung *erscheinen* könne und müsse.

Obwohl im einzelnen diese Lehre KANTS von späteren Philosophen verschiedenartig ausgelegt worden ist, so bestand doch lange eine einigermaßen einheitliche Beurteilung der Frage, *welche* Erkenntnisse (in erster Linie) als Beispiele apriorischer Wahrheit anzusehen seien. Wir erwähnen einige von KANT selber oder von Anhängern KANTS ausdrücklich so angesehene Fälle:

1. *Die Geometrie* EUKLIDS, deduktiv abgeleitet aus wenigen sich unserer Raumanschauung gewissermaßen *aufdrängenden* Axiomen. – Nachdem schon Mathematiker des vorigen Jahrhunderts die damalige Meinung von der Denknotwendigkeit dieser Axiome widerlegt hatten, ist aus der Relativitätstheorie unseres Jahrhunderts die Überzeugung entstanden, daß auch die Geometrie eine empirische Wissenschaft ist, wobei die Rechtfertigung der Axiome nicht in einer vom Empirischen unabhängigen Erkenntnismöglichkeit liegt, sondern allein darin, daß die aus ihnen abgeleiteten Folgerungen (die »Lehrsätze«) sich in der Er-

fahrung bewähren – dies aber nur mit begrenzter Genauigkeit und in begrenztem Umfang.

2. *Die Unendlichkeit des Raumes* wurde von Deussen, dem Verfasser eines vor 80 Jahren berühmt gewesenen Universitäts-Lehrbuches der Philosophie, gefeiert als eine Wahrheit, die man jedem überzeugend machen kann, der überhaupt die Fähigkeit des Denkens besitzt. Die Astronomen und die mit »Kosmologie« beschäftigten Physiker halten es heute für eine der *empirischen Bearbeitung* bedürftige Frage, ob der Weltraum unendlich oder endlich ist. Sie wird heute mit großen Fernrohren und großen Radar-Geräten untersucht, und vermutlich innerhalb der nächsten Jahrzehnte weitgehend zu klären sein. Die *Vermutung* eines *endlichen* Weltraums hat inzwischen starke empirische Stützen gewonnen.

3. *Die Unvernichtbarkeit der Materie* wurde von Deussen ähnlich als apriorische Gewißheit hingestellt – mit der Betonung, daß empirische Feststellungen hierzu niemals endgültige, sondern nur begrenzt genaue Ermittlungen gestatten können, während der philosophischen Besinnung diese Wahrheit in einer über alles Empirische hinausgehenden Gewißheit und Genauigkeit einsehbar sei. Heute, in ihrer früheren Form längst widerlegt, kann diese These höchstens als die Behauptung einer *Erhaltung der Energie* vertreten werden. In dieser Form ist sie in den letzten Jahrzehnten wiederholt von physikalischen und kosmologischen Theorien aus in Zweifel gezogen worden. Obwohl diese Zweifel zum Teil wieder aufgegeben werden mußten, sind sich heute die Sachverständigen einig, daß *nur* auf empirischem Wege eine Entscheidung begründet werden kann.

4. *Die zweiseitige Unendlichkeit der Zeit* gilt der heutigen Kosmologie als mindestens ungewiß, seit einigen Jahren sogar als unwahrscheinlich. Kein fachlich Zuständiger bezweifelt heute noch, daß auch sie eine Frage an die empirische Forschung ist; starke Gründe sprechen für einen *Anfang*, den die Zeit genommen hat – vor 10 bis 12 Milliarden Jahren.

5. *Die lückenlose Kausalität im Naturgeschehen* wurde von

Kant selber als eine a priori gegebene Gewißheit angesehen. Die Auffassungen heutiger Physiker hierzu kommen in dem von Heisenberg geprägten Satz zum Ausdruck, daß die Quantenphysik die definitive Widerlegung des Kausalitätsprinzips erbracht habe.

II

Die erwähnten Beispiele zeigen, wie radikal die moderne naturwissenschaftliche Entwicklung dazu übergegangen ist, auch die bis zuletzt vertretenen Reste eines Glaubens an außerempirische naturwissenschaftliche Erkenntnismöglichkeiten zu widerlegen und zu verneinen. Wir haben es hier mit einer Entwicklung zu tun, die seit Jahrhunderten im Vollzug begriffen ist; und lehrreicher als Versuche, nach etwas zu suchen, was immer noch vielleicht als Begrenzung des empirischen Erkennens gedeutet werden könnte, scheint der Versuch, im Gegenteil einmal auch solche menschlich bedeutungsvolle Fragen in empirischer Weise anzugehen, für die eine derartige Behandlung bislang noch nicht unternommen wurde.

Wir wollen im folgenden eine – ganz skizzenhafte – Untersuchung durchführen, wie man die Rolle des religiösen Glaubens im Rahmen der Menschheitsgeschichte auf Grund empirischer Betrachtung der Verhältnisse ansehen könnte oder müßte, wenn man sich bemüht, den Stil empirischer Betrachtung *folgerichtig durchzuhalten.* Natürlich haben wir zunächst einige Zweifelsfragen zu erörtern – sich darauf beziehend, ob die Absicht einer derartigen Betrachtungsweise nicht als von vornherein in sich widersprüchlich bezeichnet werden müßte.

Daß die gedachte Untersuchung eine durchaus nicht ohne Weiteres abzulehnende Absicht verfolgt, scheint mir sehr wohl begründbar. Es handelt sich dabei also nicht um irgendeine (offene oder verborgene) Stellungnahme entweder zu einer bestimmten einzelnen Religion oder zu den Religionen im ganzen. Es kann dabei – wie in jeder rein rational orientierten Untersuchung – auch nicht auf *Bewertung* in irgendeinem Sinn ankommen, sondern nur um die Erarbeitung einer *Tatsachen-Übersicht*: Die zu betrachtenden Tatsachen sind solche der Geschichte, genauer der Geistesgeschichte; aber auch der Völkerkunde, sowie der Psychologie des einzelnen und der Massen. Es handelt sich um die Zielsetzung, die Rolle der Religion im Leben der Völker und der einzelnen empirisch zu ermitteln und in einem Gesamtbild darstellbar zu machen – durch Herausarbeitung dessen, was als umfassende Gemeinsamkeit zu erkennen ist.

Damit ist eine Zielsetzung angedeutet, die selbstverständlich nicht neu ist: Man könnte sie kurz als die Zielsetzung der vergleichenden Religionswissenschaft bezeichnen, wie sie insbesondere von G. MENSCHING in seinen Schriften * eindrucksvoll vertreten wird, unter Anknüpfung an die wegweisenden Gedanken von R. OTTO **. Für diese religionswissenschaftliche Betrachtungsweise ist ja kennzeichnend, daß sie nicht etwa für oder gegen einzelne religiöse Bekenntniseinheiten Stellung nimmt, sondern vielmehr das Ganze der religiösen Entwicklungen der Menschheitsgeschichte zum Gegenstand empirischer, registrierender und analysierender Betrachtung macht – wie man zum Beispiel auch den Gallischen Krieg zum Gegenstand geschichtlicher Forschungen machen kann, ohne dabei für oder gegen Cäsar Partei zu nehmen. Auch ist es klar, daß in Verfolgung der in dieser Weise abgesteckten Forschungsaufgabe sowohl die großen Weltreligionen *** zu berücksichtigen sind, als auch die von Zaubermedizin nicht zu trennenden Kulte und Riten der Naturvölker.

Es könnte nun scheinen, als wenn das oben angedeutete wissenschaftliche Programm schon seine weitgehende Durchführung gefunden hätte. Jedoch weist es uns auch auf solche Aufgaben hin, die im Rahmen der vergleichenden Religionswissenschaft noch nicht in Angriff genommen sind, deren Durchdenkung und Durch-

---

* Vergl. G. Mensching, Die Religion, Stuttgart 1959.

** R. Otto, Das Heilige. 37. Aufl. 1963.

*** Natürlich einschließlich der christlichen, ohne Rücksicht auf die gewaltsame Geistreichelei mancher Theologen, die das Christentum *nicht* als eine Religion bezeichnen wollen.

forschung aber ebenfalls Beiträge zur Klärung bewegender Gegenwartsfragen zu liefern verspricht.

Es ist eine weltweit verbreitete Ansicht, daß die geistesgeschichtlichen Erscheinungen religiösen Glaubens und Lebens heute nur noch von *geschichtlicher* Bedeutung seien; daß sie zwar Menschen der Vergangenheit stark bewegt haben, aber dem heutigen Menschen (oder gar dem morgigen) nichts anderes mehr sein könnten als ein Gegenstand historischer Untersuchung. Von dieser Bewertung aus würde es unmöglich sein, auf empirischem Wege zu einem Urteil darüber zu kommen, was Religion eigentlich für den Menschen – den Menschen als grundsätzlich betrachtetes Phänomen – bedeutet. Die Antwort würde in zwei Teile zerfallen: Was bedeutete die Religion für den Menschen der Vergangenheit – diese Frage wäre in der schon besprochenen Weise durch die Religonswissenschaft und Religionsgeschichte zu beantworten. Was bedeutet die Religion für den Menschen von heute, sofern er sich als Vorläufer des Menschen von morgen betrachtet – *diese* Frage wäre zu beantworten mit dem Worte »nichts«.

III

Das Urteil, daß die Religionen im Begriffe seien, ihre einstmalige Bedeutung abschließend zu verlieren, könnte zwar einer oberflächlichen Betrachtung als empirisch belegbar erscheinen (trotz des Anwachsens der Anhängerzahl des Islams sowie der in ostasiatischen Religionen vorhandenen Erneuerungsbestrebungen, denen grundsätzliche negative Prognosen auszusprechen, für wissenschaftliche, unemotionale Betrachtung kaum begründbar wäre).

Die Verhältnisse gewinnen jedoch ein ganz anderes Aussehen, wenn man – was uns zur deutlichen Erkennung der Tatsachen nötig scheint – neben den Religionen auch die *Ideologien* in den Kreis der Betrachtung einbezieht. Es würde zwar terminologisch unzweckmäßig sein, beides miteinander zu vermischen, entweder die Ideologien unter den Religionen mitzählend oder umgekehrt die Religionen als Beispiele von Ideologien bezeichnend. Sachgemäßer scheint es, beide als verschieden voneinander zu betrachten und entsprechend zu benennen – obwohl manche bedeutende Geister geneigt gewesen sind, diese Verschiedenheit zurückzustellen gegenüber den Gemeinsamkeiten – beispielsweise hat Einstein gelegentlich die Ausdrucksweise gebraucht, daß die Kommunisten ihren Gedankengängen mit einer gewissermaßen religiösen Überzeugtheit anhingen. Die im Folgenden bevorzugte Terminologie ist derart, daß wir *beide* Worte »Religion« und »Ideologie« beibehalten und sie als Bezeichnung zweier verschiedener, aber in enger Beziehung stehender geistesgeschichtlicher Erscheinungen verwenden; diese Beziehung zu beleuchten soll ein Teil unserer Aufgabe sein.

Offenkundige Tatsache ist, daß beide zusammen – die »Summe« von Religion und Ideologie – in keiner Weise irgendein Nachlassen ihrer die Menschheit beherrschenden Macht zeigen. Die Überzeugungskraft der Religion ist, wo sie nachgelassen hat oder weitgehend verschwunden ist, unvermindert *übergegangen* an die Überzeugungskraft ideologischer geistiger Systeme. Als solche stehen heute mit dem Anspruch auf Weltbeherrschung vor uns sowohl zum Beispiel die kommunistische Ideologie als auch die – systematisch weniger geschlossene, aber keineswegs weniger wirkungskräftige – Ideologie der westlich-demokratischen Welt.

Es ist von Oswald Spengler betont worden, daß die marxistische Ideologie bis in feinere Einzelheiten hinein ein transponiertes, abgewandeltes Abbild der christlichen Heilslehre ist. Hier wie dort wird der gegenwärtige Zustand der Welt als heillos und abänderungsbedürftig bezeichnet; hier wie dort wird eine grundsätzliche Veränderung dieses Zustands verheißen und ein paradiesisches Glück als Ergebnis der fraglichen Veränderung geschildert. Der wesentliche Unterschied beider Fälle, kennzeichnend für das Verhältnis von Religion und Ideologie, liegt aber darin, daß im einen Falle die Verheißung sich auf einen Zustand bezieht, der außerhalb aller alltäglichen, naturwissenschaftlich definierbaren und erforschbaren Realität liegt: auf ein »Jenseits«, wie die christliche Lehre es nennt; daß hingegen die Versprechungen des Marxismus sich auf die im Sinne alltäglicher Realität verstandene historische Zukunft beziehen. Damit hängt auch der Unterschied zusammen, daß das *religiös* Verheißene vom Menschen nur *abgewartet* werden, das *ideologisch* Versprochene hingegen politisch aktiv erstrebt und *»verwirklicht«* werden soll.

Zum »Abwarten« gemeinter Art gehört zwar mit hinzu, daß Menschen, die zur Teilhabe an dem Verheißenen kommen möchten, aufgefordert sind, sich in religiösen, kultischen Handlungen innerlich vorzubereiten – also vor allem in Gebetshandlungen, die als solche ausdrücklich außerhalb natürlicher Zweckhaftigkeit liegen und in keiner Weise kausal mitwirken zur Herbeiführung des nach christlicher Erwartung Kommenden. Der Marxist hingegen ist aufgefordert, durch das Ganze seines Tuns kausal beizutragen zur Verwirklichung der Ziele, aus deren Erreichung die neue klassenlose Gesellschaft, in welcher das einheitliche Glück aller Beteiligten gewährleistet ist, versprochenermaßen hervorgehen soll – mit Aufhebung aller Gegensätze und Außerkraftsetzung aller Zwangssysteme, insbesondere staatlicher Art.

Die heute die Menschheit im ganzen weitgehend beherrschende Ideologie ist diejenige der Französischen Revolution – einerseits zum Marxismus radikalisiert, ist sie andererseits gemildert zur heutigen Alltagsideologie des »Westens«, ohne von ihrer aggressiven Intoleranz viel verloren zu haben. Nicht weniger deutlich als die aus ihr entwickelte marxistische Heilslehre ist diese Ideologie eine säkularisierte Umwandlung christlicher Vorstellungen – ihre heiligsten Grundsätze sind aus christlichen Denkmotiven entstanden, und zwar nach dem Schema der Umdeutung religiöser, das »Jenseits« betroffender Verheißung in »diesseitige« Versprechungen. Es gibt aus mittelalterlicher Zeit Bilder, die in einer Gruft die Schädel eines Armen und eines Königs zeigen – sie sind sich im Tode gleich geworden. Ebenso sind sie – als sündige, unvollkommene Menschen – *gleich* vor dem göttlichen Gericht, das alle in gleicher Gerechtigkeit trifft. Das sind echt christliche Gedanken (die man etwa im alten Ägypten nicht hätte denken können), darauf zielend, einerseits die unvergleichbare Höhe Gottes über allem Menschlichen deutlich zu machen, andererseits seine unbestechliche Gerechtigkeit (die nicht im Gegensatz zu, sondern in Einheit mit seiner vergebenden Liebe und Barmherzigkeit vorgestellt wird). Die Glaubensgewißheit, daß vor Gott *allen* Gerechtigkeit widerfahren wird, läßt die im Diesseits bestehenden Ungleichheiten als letzten Endes unerheblich erscheinen.

Die Säkularisierung hingegen streicht Gott aus diesem Vorstellungszusammenhang und verkündet die Gleichheit aller als eine Parole, deren Erfüllung schon jetzt – innerhalb des diesseitigen Alltags – gefordert werden darf und soll – alles ihr Widersprechende durch Guillotine und Noyaden beseitigend. Die Säkularisierung nimmt ebensogern den Gedanken der Brüderlichkeit unter den Menschen auf – unter Streichung des diese Brüderlichkeit begründenden gemeinsamen Vaters.

Sogar die christliche Vorstellung vom *heiligen Buch*, das die Summe aller göttlichen Wahrheit enthält, kehrt wieder in den späteren Stadien marxistischer geistiger Entwicklung. Der Gedanke der freien Wissenschaft und Forschung – untrennbar vom Gedanken *empirischer Wahrheitsermittlung* – ist in der heutigen östlichen Welt weitgehend zurückgedrängt gegenüber dem Glauben, daß die heiligen Schriften von Marx-Engels-Lenin die endgültige und vollständige Wahrheit enthalten – ein mit den Ergebnissen moderner Physik nicht unbekannter marxistischer Funktionär drückte das vor Jahren in einem Vortrag in der Behauptung aus, daß die Quantenphysiker sich Jahrzehnte mühseligen Experimentierens hätten sparen können, wenn sie rechtzeitig Engels studiert und daraus die vorweggenommene Quantenphysik kennengelernt hätten.

Seinerzeit war ja auch die Aristoteles-Verehrung, die in seinen Schriften die höchste Autorität alles naturkundlichen Wissens zu finden glaubte, beeinflußt vom Vorbild der im Christentum (aber auch in anderen Religionen) ausgebildeten Vorstellung, daß ein bestimmtes Buch aus unmittelbarer göttlicher Eingebung entstanden sei. Dies ist ein im Gefüge einer Hochreligion schwer zu entbehrender Gedanke, imstande, der Glaubensgemeinschaft einen festen Rahmen ihrer gemeinsamen Glaubensüberzeugungen zu geben – die katholische Kirche hat es freilich vermocht, der Gefahr einer »fundamentalistischen« Vereinseitigung der Glaubenslehren (durch buchstäbliche Festlegung auf einen endgültig abgeschlossenen Text) vorzubeugen durch Anerkennung einer zusätzlichen Glaubensquelle aus der Tradition.

Es ist erstaunlich, in vielen Gesprächen immer wieder zu erleben, wie wenig in weiteren Kreisen davon bekannt geworden ist, daß die heutigen Kirchen – von den Fundamentalisten abgesehen – weit davon entfernt sind, in den naturwissenschaftlichen Bemerkungen der Bibel etwas anderes zu sehen, als eine Bezugnahme auf die Vorstellungsweisen der Zeit, in der die biblischen Bücher geschrieben wurden. Theologische Bemühungen, die hier erforderliche Umstellung auf den veränderten heutigen Wissensstand durchzuführen, haben allerdings vielfach eine »Anpassungsbereitschaft« bewiesen, die weit über das Notwendige und Vertretbare hinausgeht. So liegt etwa den gesamten Bestrebungen BULTMANNS die unabänderliche Überzeugung zugrunde, die Naturwissenschaft von heute sei noch immer stehengeblieben, wo sie vor hundert Jahren stand, und die naturwissenschaftlichen Irrtümer des vorigen Jahrhunderts müßten heute noch von der Theologie mit tiefem Respekt als unumstößliche, der Theologie übergeordnete Wahrheit anerkannt werden.

Tiefgehende *Verschiedenheit* zwischen Religion und Ideologie liegt endlich in ihrem Verhältnis zur rationalen, nachprüfbaren Wahrheit. Indem die eigentlichen, entscheidenden Aussagen der Religion dem Jenseits gelten, entziehen sie sich der Berührung mit diesseitigen Feststellbarkeiten. Das verhindert freilich nicht, daß aus dem religiösen Denken mit Notwendigkeit Folgerungen fließen, die tatsächlich einschneidend eingreifen in unsere Beurteilung der Natur. Hier ist Berührung mit rationalen Sachfeststellungen durchaus möglich, und somit auch *Widerspruch*. Tatsächlich ist der Widerspruch, in den das religiöse Denken zur Naturwissenschaft des materialistischen Zeitalters geraten ist, ein Hauptthema der abendländischen Geistesgeschichte geworden.

IV

Daß hierin in unserem Jahrhundert eine vollkommene Verwandlung eingetreten ist, beruht darauf, daß die Naturwissenschaft in ihrer modernen Entwicklung eine völlig veränderte Stellung gegenüber der materialistischen Philosophie gewonnen hat; und zwar in der ganzen Breite ihrer grundsätzlichen Erkenntnisse von der Physik über die Biologie bis zur Kosmologie. Ein Beispiel – und zugleich ein Hauptstück – der in der naturwissenschaftlichen Erkenntnis eingetretenen Wendung ist das oben berührte Abrücken der modernen Physik vom alten philosophischen Glauben an eine allumfassende lückenlose Kausalität – wenn HEISENBERG in seinem oben erwähnten Satz von einer »Widerlegung« des Kausalitätsprinzips sprach, so ist das nicht etwa so gemeint, daß die Physik frühere Ergebnisse, frühere bewiesene Feststellungen *rückgängig* gemacht hätte. Auch heute noch bleibt es dabei, daß im Gesamtbereich der »Makrophysik« geschlossene Kausalität anerkannt werden muß. Aber das erst in unserem Jahrhundert möglich gewordene Vordringen der Forschung ins Reich der Atome hat die neue »Mikrophysik« entstehen lassen, deren uns jetzt erforschbar gewordene Vorgänge keiner geschlossenen Kausalbestimmung unterliegen. Der fundamentale Irrtum der älteren Physik hatte also den Charakter einer *unberechtigten Verabsolutierung*: Fälschlich hat man als absolute, allumfassende Gesetzlichkeit angesehen, was in Wahrheit nur in begrenztem Umfang zutreffend war – allerdings im *gesamten* Umfang dessen, was bereits damals physikalisch erforschbar war.

Mit dieser Wendung ist die alte, früher als unauflösbar geltende Bindung der Naturwissenschaften an die materialistische Vorstellungswelt zerbrochen. Die Sowjets, die in dieser Hinsicht klarer sehen, als die Mehrzahl westlicher Menschen, haben längst erkannt, daß die »definitive Widerlegung des Kausalitätsprinzips« eine Bedrohung ihrer Philosophie und ihres auf diese Philosophie gegründeten ideologischen und politischen Systems ist. Für die vorurteilsfreie empirische Betrachtung jedoch ist mit dieser Wendung erreicht, daß die religiöse Gedankenwelt ohne logischen Widerspruch mit der *heutigen* Naturwissenschaft zusammen bestehen kann. Westliche Philosophen und Theologen – wesentlich langsamer als die ideologischen Funktionäre des Ostens auf die neue Entwicklung reagierend – glauben zum großen Teil, diese Veränderung der Lage bestreiten zu sollen mit der Versicherung, *sowieso* sei schon vorher, auch in der Zeit des uneingeschränkten Glaubens der Naturforscher an das Kausalitätsdogma, ein Widerspruch von Religion und Naturwissenschaft gar nicht vorhanden, sondern nur durch methodische Unachtsamkeit, durch »Grenzüberschreitungen« vorgetäuscht gewesen. Eine vollkommenere Verkennung der Sachlage ist schwerlich vorstellbar.

Die Feststellung, daß nach den umwälzenden Ergebnissen moderner Forschung kein Widerspruch naturwissenschaftlichen Denkens gegen religiöse Weltbewertung mehr vorhanden ist, kann durchaus auch zu der Feststellung konkretisiert werden, daß die biblische *Darstellung des Menschen* heute – nach mehr als zweitausend Jahren – als unverändert gültige Analyse des Menschen anerkannt werden darf: Wesentlich geändert hat der Mensch sich seitdem (trotz bedeutender naturwissenschaftlicher, medizinischer und technischer Fortschritte) in keiner faßbaren, empirisch nachweisbaren Weise, obwohl die heutige Welt – im Westen fast ebenso fanatisch, wie im Osten – weithin von der grundsätzlichen Veränderung des Menschen schwärmt: – nicht auf empirischer, sondern ausschließlich auf ideologischer Grundlage. Da es das Wesen ideologischer Gläubigkeit ist, die auf das Jenseits bezogenen Verheißungen der Religion in Versprechungen für die historische, diesseitige Zukunft umzudeuten, so *muß* ja die Ideologie einen Menschheitsfortschritt behaupten, der schon im zurückliegenden, vergangenen Teil der Geschichte beispielsweise eine ethische Weiterentwicklung erkennen lassen soll: Alle empirischen düsteren Tatsachen, alle Massenverbrechen unseres Jahrhunderts werden diesem ideologischen Glauben gegenüber vergessen.

Damit kommen wir zur Betrachtung der eigentümlichen Beziehung ideologischen Denkens zur *Wahrheit*. Der berühmte Spruch »Credo quia absurdum« drückt aus, daß schon in älterer Zeit die christliche Botschaft als in Spannung zu rationalem Denken empfunden worden ist. Dies rationale Denken wurde ja damals vertreten vor allem durch die griechischen Philosophie, die zwar in so überwältigend fruchtbarer Weise die Keime späterer naturwissenschaftlicher Weiterentwicklung enthielt, aber noch weit davon entfernt war, die *wirklichen* Grundlagen zutreffender, rationaler Urteilsbildung über die Wirklichkeit erfaßt zu haben, wie sie später zunächst in der Naturforschung mit zunehmender Klarheit zutagegetreten und in unserem Jahrhundert bis zur »definitiven Widerlegung« der Irrtümer von Jahrtausenden ausgebaut worden sind. Jene damalige religiöse Bereitschaft, *trotz* aller rationalen Denkschwierigkeiten dennoch zu glauben, ist von den Ideologen – den Erben der Religion überall dort, wo deren »Abschaffung« gelang – in vollem Maße und in voller Inbrunst mit übernommen worden. Ideologische Versprechungen – Prognosen für das geschichtliche Geschehen der Zukunft – *müßen* ja ihrer Natur nach *unwahr* sein, da sie nicht empirisch begründet (also aus der *einzigen* Quelle von Wahrheitserkenntnis über die empirische Welt geschöpft), sondern statt dessen durch säkularisierende Umdeutung von – ganz anders gemeinten – religiösen Denkmotiven entstanden sind. Es ist deshalb das allgemeinste Kennzeichen ideologischer Prognosen, unrichtig zu sein, aber mit um so größerer Inbrunst geglaubt zu werden, weil sie das schlechthin Unmögliche versprechen.

Ob die Menschheit den Weg von der unwiderlegbaren Wahrheit des Glaubens zur erweisbaren Unwahrheit der Ideologie weiter gehen wird, entzieht sich heute einer begründbaren Voraussage. (Das diesbezügliche Urteil der Ideologen ist eben ein Urteil aus Ideologie.) Sicher ist jedoch – als empirischer Tatbestand – daß die Religion *entweder* als solche *oder* in der Umdeutung zur Ideologie das für die gesamte Menschheit *Unentbehrliche* ist, das durch alle der Geschichte (und Vorgeschichte) bekannten Zeiten und Völker seine das gesamte Leben beherrschende Bedeutung erwiesen hat und nirgends Andeutungen eines Verlustes dieser Rolle erkennen läßt.

Kapitel 6

Der Begriff des Wunders und das Naturgesetz

I

Im Gespräch mit einem klugen Jesuiten hörte ich die Bemerkung, zur Vorstellung eines *Wunders* gehöre die *Durchbrechung der Naturgesetzlichkeit.* Es ist eine eigentümliche Tatsache, daß für die *moderne* Physik Schwierigkeiten bestehen, auf diese Begriffsbestimmung einzugehen – und zwar gerade *deshalb,* weil die heutige Auffassung von *Naturgesetzlichkeit* so viel »toleranter« ist, als die der älteren Physik, die noch an das Kausalitätsdogma glaubte.

Indem die Quantenphysik aller physikalischen Grundgesetzlichkeit eine nur statistische Bedeutung zuschreibt, hebt sie – streng genommen – die *Definierbarkeit* des Begriffes »Durchbrechung der Naturgesetze« auf: Zu solcher Durchbrechung wäre so etwas nötig, wie das Einrennen einer nicht nur offenen, sondern *gar nicht vorhandenen* Tür.

Wenn wir uns – im Rahmen physikalischer Geräte und Experimente – ein den Naturgesetzen widersprechendes Ereignis zu denken versuchen, so wäre *für den Einzelfall* gar nicht zu definieren, unter welchen Bedingungen wir den Widerspruch zur Naturgesetzlichkeit als *bewiesen* ansehen sollten. Denn jeder denkbare Einzelfall hat eine endliche, von Null verschiedene Wahrscheinlichkeit, gelegentlich wirklich einzutreten. Ein auf dem Tisch liegender Gegenstand könnte durch zufällige (nur sehr *unwahrscheinliche*) Konzentration der in der Tischplatte vorhandenen Wärmeenergie veranlaßt werden, einige Zentimeter in die Höhe zu springen, bevor er wieder in üblicher Weise auf die Tischplatte herunterfällt. Oder die Strahlungsstärke eines Radiumpräparates (zum Beispiel von einem Milligramm) könnte für 0,1 sec auf das Zehnfache des Normalwertes ansteigen. Auch das wäre für den Physiker nicht eine Durchbrechung der Naturgesetzlichkeit, sondern nur die Verwirklichung eines sehr unwahrscheinlichen, *seltenen* Falles. (Freilich *so* selten, daß der Experimentator das Vorliegen einer Panne an dem die Strahlung messenden Instrument für viel glaubhafter halten würde.)

Der Physiker wird also im Versuch einer Begriffsbestimmung für das »Wunder« lieber nur davon sprechen, daß ein aus dem Rahmen *alltäglichen* Verlaufes *auffällig* heraustretender Vorgang verwirklicht ist – eine »Durchbrechung der Naturgesetzlichkeit« ist grundsätzlich gar nicht feststellbar. Dies um so mehr, als wir uns heute so deutlich bewußt sind, die Naturgesetzlichkeit nur unvollständig zu kennen – ein nachweislich nicht im Rahmen der uns heute bekannten Naturgesetze verbleibender Vorgang könnte neue, uns noch nicht bekannten Naturerscheinungen sichtbar werden lassen.

Der Theologe mag diese Erwägungen des Physikers als eine nutzlose Spitzfindigkeit betrachten (worin wir ihm teilweise zustimmen können, ohne auf die Hervorhebung zu verzichten, daß eine solche Klärung *nötig* ist, um dem Naturwissenschaftler eine diesbezügliche Stellungnahme zu ermöglichen). Sachlich findet sich die erläuterte Erwägung des Naturwissenschaftlers natürlich durchaus im Einklang mit der *Praxis,* die beispielsweise in *Lourdes* geübt wird, bei kirchenamtlicher Entscheidung darüber, ob eine bestimmte *Heilung* als Wunder zu bewerten ist. Tatsächlich geschehen in Lourdes gelegentlich Heilungen, die nach den Berichten seriöser wissenschaftlicher Verfasser* einen *sehr* hohen Grad des medizinisch *Erstaunlichen* erreichen: Die Anerkennung als »Durchbrechung der Naturgesetze« bedeutet in der realen Praxis die Feststellung einer (selbstverständlich *nicht meßbaren*) hochgradigen Erstaunlichkeit.

Aber obwohl im erläuterten Sinne die heutige Naturwissenschaft zum Begriff des Wunders eine vorsichtigere, begrifflich viel genauer gefaßte Stellung beziehen muß, die eine grundsätzliche »Toleranz« gegenüber der Möglichkeit des Wunders einschließt, bleibt an dieser Stelle doch eine ungeklärte Schwierigkeit im Verhältnis zwischen Naturwissenschaft und Religion bestehen. Die religiöse Überlieferung berichtet von so *vielen* Wundern – von so *vielen* im Zusammenhang des religiösen Lebens eingetretenen

---

* Vergl. Carrel, A.: Man, the Unknown. London 1935.

Ereignissen hohen Erstaunlichkeitsgrades – daß die von moderner Physik aus gegebene Zulassung auch der unwahrscheinlichsten Ausnahmeereignisse schlechthin *quantitativ* unausreichend scheint, um so *zahlreiche* unwahrscheinliche Fälle als noch innerhalb der Naturgesetzlichkeit verbleibend anzusehen. Immerhin muß bedacht werden, daß die beiden oben angeführten Beispiele äußerst unwahrscheinlicher, aber trotzdem möglicher physikalischer Vorkommnisse Wahrscheinlichkeiten haben würden, die ähnlich winzig wären, wie das Reziproke der in Kapitel 3 erörterten Zahl Ω_0.

Die *eine* der logischen Möglichkeiten, eine Behebung dieses Widerspruches zu versuchen, liegt natürlich darin, alle Berichte über religiöse Wunder als unzutreffend anzusehen. Dies war ja die seinerzeit von der Aufklärung bevorzugte Lösung; und sie ist von vielen damaligen Menschen angenommen worden, die selber noch keineswegs bereit waren, sich zum radikalen Materialismus und Atheismus zu entschließen, sondern es für möglich hielten, auch bei Leugnung jedes Wunders eine abstraktere Form von Religiosität aufrechtzuerhalten.

In der Gegenwart hat BULTMANN – als später Nachläufer der Aufklärung – diese Lösung vertreten und sie in ausführlicher Kritik der biblischen Berichterstattung zu rechtfertigen versucht. Zweifelsohne sind die Grundaxiome, auf denen BULTMANN seine Betrachtungen aufbaut, in krassem Widerspruch zur modernen Naturwissenschaft. Er hat den Sinn seiner »Entmythologisierung« gelegentlich gekennzeichnet in den Worten: »Das mythische Denken führt bestimmte Phänomene und Ereignisse auf übernatürliche, auf göttliche Mächte zurück...« Aber für das wissenschaftliche Denken, so sagt er, »sind Welt und Weltgeschehen geschlossen, *geschlossen nämlich gegen den Eingriff umweltlicher Mächte*«.

Offenbar ist diese Behauptung ganz schlicht falsch, wenn wir mit dem »wissenschaftlichen Denken« das naturwissenschaftliche Denken des XX. Jahrhunderts meinen. Der BULTMANNsche Satz könnte nur dadurch zu einem *richtigen* Satz werden, daß wir ihn ausdrücklich auf das in wesentlichen Punken überholte naturwissenschaftliche Denken des *vorigen* Jahrhunderts beziehen. Trotzdem wollen wir, um uns gewissenhaft jeder Übertreibung zu enthalten, die *grundsätzliche* Widerlegung des obigen (die Denkweise der kausal-mechanistischen Naturwissenschaft als ewig unabänderlich hinstellenden) BULTMANNschen Satzes durch die Physiker unseres Jahrhunderts noch nicht als ausreichend bezeichnen, auch BULTMANNS *theologische* Bewertung der biblischen Berichte als durch die Verfehltheit seiner veralteten naturwissenschaftlichen Grundvorstellung schon erledigt hinzustellen. Für die rein theologische Bewertung der BULTMANNschen Bestrebung scheint mir wesentlicher der von KÜNNETH * eindrucksvoll erläuterte Nachweis, daß die angeblich wissenschaftliche Analyse des Neuen Testamentes durch BULTMANN und seine Schule nur deshalb das Nichtvorkommen von »Wundern« in den dem Neuen Testament zugrunde liegenden historischen Ereignissen nachweisen konnten, weil die *Unmöglichkeit* von Wundern zur axiomatischen oder dogmatischen *Voraussetzung* dieser Analyse gemacht worden ist.

Es wäre aber einseitig, wenn man den Begriff des religiösen Wunders *ausschließlich* auf die biblischen Berichte beziehen würde, ohne zu beachten, daß es außerdem noch eine Fülle von Wunderberichten aus dem religiösen Leben – insbesondere dem christlichen – in späteren Jahrhunderten gibt. Im protestantischen Bewußtsein sind diese zwar stark verdrängt durch das Abreißen der Verbindungen zum vorreformatorischen Bewußtsein, und ferner durch die Einflüsse der Aufklärungszeit. Jedoch hat BENZ ** kürzlich ein umfangreiches Werk vollendet, in dem die geschichtlichen Berichte über *Visionen* frommer Religiöser in der ungeheuren Fülle und Reichhaltigkeit dieser Erscheinungen zur Sprache kommen, wobei BENZ auch vor einer Berührung der »Parapsychischen Phänomene der visionären Erfahrung« nicht zurück-

---

* Künneth, W.: Jesus und das Neue Testament. Stuttgart 1967.
** Benz. E.: Die Vision. Erfahrungsformen und Bilderwelt. Stuttgart 1969.

schreckt. Das hiermit zur Erwähnung gekommene Wort »Parapsychologie« erinnert uns daran, daß die mündliche und literarische Überlieferung vergangener Jahrhunderte uns ja *außerdem* in Form von Spuk- und Geistergeschichten auch viele Berichte hinterlassen hat, bei denen es sich zwar *insofern nicht* um »Wunder« handelte, als eine Verbindung zum religiösen Leben und Geschehen dabei fehlte; die aber ebenfalls Ausnahms-Ereignisse von hohem Erstaunlichkeitsgrade betrafen. Die mit der Aufklärung groß gewordene Meinung, daß man das alles einheitlich als Unsinn bewerten sollte, erinnert an die Schulweisheit der Geschichtsforscher und Archäologen *vor* SCHLIEMANN: Diese fühlten sich ja sicher in der Überzeugung, daß HOMERS Berichte durch Entmythologisierung auszuradieren seien. Indem SCHLIEMANN statt dessen an den historischen Wahrheitskern der Berichte HOMERS glaubte, kam er zu seinen umwälzenden Entdeckungen. Dies sollte uns dazu ermahnen, auch dem alten Berichtsgut bezüglich solcher Vorkommnisse, die wir heute als »parapsychisch« zu bezeichnen pflegen, ohne das Vorurteil gegenüber zu treten, daß das Berichtete als a priori falsch angesehen werden müßte.

Dies um so mehr, als in dieser Berichterstattung ein Grundbestand erkennbar ist, der keineswegs etwa uferlose Willkür der Behauptungen zeigt, sondern eine gewisse Stil-Geschlossenheit dessen, was immer wieder als gelegentlich geschehend gemeldet wird. Zum Beispiel finden sich in allen Spuk- und Geistergeschichten *keine* Beispiele der Behauptung, daß es einem Alchimisten oder Zauberer wirklich gelungen sei, Gold zu machen.

II

Wir werden, wenn wir das Verhältnis der Naturforschung zum Begriff des Wunders untersuchen wollen, nicht vergessen dürfen, daß die Naturforschung nach den tiefgreifenden Veränderungen, die sie durch Relativitätstheorie und Quantenphysik erfahren hat, immer noch (oder *erst recht*) etwas *Werdendes* und *Wachsendes* ist: Heute in hundert Jahren wird manches als für den

Wissenschaftler selbstverständlich angesehen werden, was heute noch ähnlich verbreiteter Ablehnung unterliegt, wie in früheren Abschnitten unseres Jahrhunderts die EINSTEINsche Relativitätstheorie oder seine Lichtquanten oder andererseits die quantenmechanische Akausalität. Es bedeutet bestimmt keine Unvorsichtigkeit, auszusprechen, daß mit dem Ersatz der früheren Vorstellung »geschlossener« Kausalität durch die Vorstellung der *statistischen* Naturgesetzlichkeit ein gewisser Schritt zur *Entschärfung* der Gegensätzlichkeit zwischen Anerkennung einer Möglichkeit von Wundern und Anerkennung des Denkens in Naturgesetzen eingetreten ist. Man kann es für wahrscheinlich halten, daß die damit eingetretene Sachlage Aussicht hat, für lange Zeit unverändert zu bleiben. Aber man kann auch die Möglichkeit ins Auge fassen, daß die eingeleitete Entwicklung sich fortsetzen wird.

Eine solche Fortsetzung könnte beispielsweise dadurch zustande kommen, daß das Thema der Parapsychologie zu einem gewissen Maße wissenschaftlicher Anerkennung kommen würde, obwohl sich heute diese Anerkennung noch auf eine Minderheit der Urteilenden beschränkt. Die diesbezügliche Skepsis hat ja zweifellos starke Unterlagen; was beispielsweise von SCHRENCK-NOTZING als Beweis für »Materialisationen« veröffentlicht ist, darf wohl *ohne Rest* als Erzeugnis betrügerischer »Medien« bewertet werden. Jedoch sind Teilstücke der Parapsychologie, wie vor allem Erscheinungen einer nicht durch normale Sinnesphysiologie erklärbaren »Gedankenübertragung« (über die es eine umfangreiche ernsthafte Literatur gibt), heute von vielen nüchternen Beurteilern anerkannt, wozu insbesondere BENDER überzeugend beigetragen hat. (Die Untersuchungsrichtung RHINE ist, so weit ich sehe, immer noch umstritten.) Nach amerikanischen Berichten scheint dieses Gebiet auch in der Sowjetunion Beachtung und Bearbeitung zu finden. Ich weiß aus Gesprächen mit verschiedenen führenden Physikern der Gegenwart, daß sie diese Erscheinungen durchaus vorurteilsfrei beurteilen oder beurteilten. Der bekannte Psychologe C. G. JUNG sah in der Parapsychologie ein ernstes wissenschaftliches Problem (ob der von ihm zur Diskussion gestellte Begriff der »Synchronizität« zur Klärung der Sache beitragen kann *, möchte ich unbeurteilt lassen). Besonders nachdrücklich hat C. G. JUNG eine positive Beurteilung parapsychischer Erscheinungen ausgedrückt in einer Vorrede und einem Beitrag zu einem Buche von Frau F. MOSER **. Der erwähnte Nobelpreisträger W. PAULI (vergl. S. 80), der übrigens mit C. G. JUNG persönlich befreundet war, neigte ebenfalls dazu, Teilgebiete der Parapsychologie ernstzunehmen. Mein ebenfalls verewigter Freund E. ARTIN, einer der bedeutendsten Mathematiker dieses Jahrhunderts, erzählte mir vor 40 Jahren ausführlich von einem ihm befreundeten Ehepaar, dessen weibliche Hälfte mit der aus der Literatur sehr bekannten Gabe des »zweiten Gesichtes« belastet war.

Von EINSTEIN erwähnt URSULA v. MANGOLDT in ihrem Erinnerungsbuch ***, daß er seinerzeit in Berlin an einer Zusammenkunft teilnahm, bei der eine für »Psychometrie« † begabte Frau AKKERINGA erstaunliche Leistungen zeigte. Obwohl EINSTEIN die Begriffe »Telepathie« und »Hellsehen« ablehnte, war er doch vorurteilsfrei genug, die Sache für untersuchenswert zu halten, und Frau AKKERINGA zu einer erneuten Sitzung in engerem Kreise zu sich einzuladen.

Die obige Vermutung, daß die von der Physik dieses Jahrhunderts ausgelöste geistige Bewegung gerade in einer erhöhten wissenschaftlichen Bewertung der Parapsychologie ihre Fortsetzung finden könnte, beruht auf einer nachdenklichen Betrachtung der Gedankengänge, durch die die moderne Physik auf so abenteuerliche Wege geführt worden ist. In den beiden berühmtesten Fäl-

---

* Vergl. Jung, C. G., und W. Pauli: Naturerklärung und Psyche. Zürich 1952.

** Moser, F.: Spuk. Zürich 1950.

*** v. Mangoldt, U.: Auf der Schwelle zwischen Gestern und Morgen. Weilheim/Obb. 1969.

† Mit dem unzweckmäßigen Namen »Psychometrie« bezeichnet die parapsychologische Literatur die Fähigkeit mancher Personen, an einem *Gegenstand* zu erkennen, welchen Schicksalen oder Ereignissen sein Inhaber in der Vergangenheit ausgesetzt war.

len – bei der *Relativierung der Gleichzeitigkeit* und bei der Präzisierung der Quantenmechanik als (wie HEISENBERG es ausgedrückt hat) Formulierung von *Beziehungen zwischen beobachtbaren Größen* – war es der leitende Gesichtspunkt, die primären *Erfahrungstatsachen* als den eigentlich wesentlichen Inhalt der Physik anzusehen, und aller Theorie als wirkliche Aufgabe die übersichtliche und genaue zusammenfassende Beschreibung dieser Erfahrungstatsachen zuzusprechen. (Ähnlich hatte seinerzeit, wie oben erwähnt, schon KIRCHHOFF die Aufgabe der theoretischen Mechanik bezeichnet, hierdurch ein tiefes Erschrecken vieler Zeit- und Fachgenossen hervorrufend.) Man hat die damit angedeutete erkenntnistheoretische Einstellung unter den Physikern oft als »positivistisch« bezeichnet; auch der Verfasser dieses Buches hat sich früher dieser Bezeichnungsweise gern bedient. Jedoch hat sie den Nachteil, Mißverständnisse bei Nichtphysikern zu begünstigen, da das Wort »positivistisch« auch in den Geisteswissenschaften viel gebraucht wird, in völlig anderem Sinne. Möglicherweise könnte es heute sogar bei Physikern Verwirrung stiften, da man sich gewöhnt hat, ERNST MACH als Hauptvertreter des physikalischen Positivismus anzusehen, dieser aber von EINSTEIN zwar in dessen jüngeren Jahren weitgehend anerkannt, später hingegen in bestimmter Hinsicht mit Kritik betrachtet worden ist. So scheint es besser, die oben in wenigen Worten angedeutete erkenntnistheoretische Einstellung *ohne* besonderen Namen zu lassen, aber ihre wesentliche Mitwirkung bei der Entstehung von Relativitätstheorie und Quantenmechanik zu betonen.

Diese erkenntnistheoretische Betrachtungsweise stellt uns vor eine besondere Frage, wenn wir uns besinnen wollen, was wir eigentlich mit dem Begriff der *realen Außenwelt* meinen. Dies ist ein Begriff, über welchen der Physiker kaum nachzudenken braucht – für seine Zwecke genügt es, den Begriff in herkömmlicher Weise zu benutzen, ohne seine genauere Zergliederung zu versuchen. Andererseits haben auch die Philosophen mit nur wenigen Ausnahmen (eine solche war O. KÜLPE) die Dringlichkeit einer diesbezüglichen Analyse übersehen.

Die herkömmliche Betrachtungsweise kann ja etwa in folgenden Sätzen zusammengefaßt werden: Es gibt eine real existierende objektive Wirklichkeit oder Außenwelt – als solche *eindeutig* bestimmt – und ihr gegenüber die Vielheit wahrnehmender Subjekte, deren Bewußtseinsinhalt zum Teil aus Wahrnehmungen der Außenwelt besteht (diese Wahrnehmungen haben also objektive Bedeutung), zum Teil aber aus Träumen, Halluzinationen und sonstigen Erlebnisinhalten, die streng *individuell* und von ausschließlich subjektiver Bedeutung sind. Diese gewohnte Betrachtungweise ist zwar für die Praxis unserer Lebensführung (einschließlich wissenschaftlicher Arbeit in vielen verschiedenen Gebieten) brauchbar und nützlich; aber eine wache Kritik kann nicht übersehen, daß sie mit schweren Hypothesen belastet beziehungsweise von solchen abhängig ist. (O. Külpe hat in einem mehrbändigen Werk eine planmäßige *Rechtfertigung* dieser Hypothese aus den Gesetzlichkeiten unserer Bewußtseinsinhalte heraus versucht, aber meines Erachtens das Ausmaß der dabei auftretenden Schwierigkeiten, wie sie durch die moderne Physik fühlbar gemacht worden sind, unterschätzt.)

Das eigentliche Problem beginnt uns deutlich zu werden, wenn wir die objektive Existenz der »realen Außenwelt« nicht mehr als a priori selbstverständlich ansehen, sondern die Unterscheidung von *objektiven* – also für *alle* wahrnehmungsfähigen Subjekte gültigen – und andererseits ausschließlich subjektiv-individuell bedeutsamen Erlebnissen so zu formulieren suchen, daß wir uns auf tatsächliche Erlebnismöglichkeiten beziehen, um auf diese Unterscheidung eine *Definition* der objektiven Wahrnehmung aufbauen zu können. In einer orientalischen Erzählung (sie gehört *nicht* zum Bestande von Tausendundeiner Nacht) wird von einem Sultan erzählt, der im Ungewissen ist, ob er augenblicklich wachend oder träumend erlebt: Er beißt sich in den kleinen Finger, darauf vertrauend, daß er im Fall des Wachens Schmerz verspüren wird, im Fall des Träumens hingegen nicht. Das Unterscheidungskriterium von objektivem und traumhaft-subjektivem Erleben liegt also darin, daß uns im Wachen *Gesetzmäßigkeiten* des Erlebens erfahrbar werden, die im Traumerlebnis weitgehend ihre Zuverlässigkeit verlieren.

Man kann es als Folgerung oder umgekehrt als Unterlage einer »naturgesetzlichen Zuverlässigkeit« unseres Wach-Erlebens betrachten, daß die verschiedenen Subjekte eine *Gemeinsamkeit* des Wacherlebens haben – derart, daß zwar nicht ihre Wahrnehmungen übereinstimmen, wohl aber, um es mit einem Beispiel zu sagen, der Mensch A die vom Profil begrenzte linke Gesichtshälfte von B sehen kann, während C gleichzeitig die rechte Gesichtshälfte von B sieht.

Ist es nun aber *wahr*, daß Erlebnisse des Träumens oder der Halluzination *streng* und *ausschließlich* von nur individueller Bedeutung sind? Man wird schwerlich die Möglichkeit a priori verneinen können, daß es gelegentlich für eine *Gruppe* von Individuen *gemeinsame Halluzinationen* (etwa durch Suggestion veranlaßt) geben könnte; und bei einem solchen Vorkommnis würden uns die skizzierten Grundlagen einer *Definition* der eindeutig bestimmten »Außenwelt« ins Schwimmen kommen.* Man gewinnt um den Preis einer Erwägung solcher Möglichkeiten andererseits breiten Spielraum für eine Vorstellungsweise, in deren Rahmen parapsychische Erscheinungen als etwas durchaus Normales angesehen werden könnten. Dabei ist freilich, wie mir W. PAULI einmal schrieb, dem Gedanken der *Komplementarität* noch keine seiner vermutlichen tiefen Bedeutung gerecht werdende Berücksichtigung gegeben – ich habe diesem Gedanken aber von etwas anderer Seite aus eine fundamentale Bedeutung im Gedankenzusammenhang der FREUDschen Psychologie des Unbewußten ** zugeschrieben.

---

* Diese Überlegung ist vor Jahrzehnten vom Verfasser angedeutet worden unter der Bezeichnung »Zwischenstufen-Theorie«. Vergl. mein Buch »Anschauliche Quantentheorie«, Berlin 1936.

** Andeutungen dazu in P. Jordan: »Der Naturwissenschaftler vor der religiösen Frage«. Verlag Stalling, Oldenburg, 5. Auflage 1969. Ausführlicheres in einer vergriffenen Schrift »Verdrängung und Komplementarität«.

III

Die uns heutigen Menschen der technischen Zeit gewohnt und selbstverständlich gewordene Art der *Abgrenzung* zwischen objektiver Außenwelt und subjektiver Innenwelt ist keineswegs die einzig mögliche. Dies geht hervor aus den gedankentiefen Forschungen Th. W. Danzels über die Weltauffassung der primitiven Völker *. Tritt man an die Betrachtung der Primitiven heran in der Vorstellung, daß ihre Verschiedenheit uns gegenüber eine rein negative sei – indem ihnen geistig das meiste »noch« fehlt von dem, was wir haben – so steht man verständnislos vor dem Wust des »Aberglaubens« dieser Menschen, wie er sich in Zaubern, Riten, Kulten darstellt. Es ist die große, in ihrer philosophischen Bedeutung und Tragweite noch gar nicht gewürdigte Leistung Danzels, die (heute absterbende) Welt der Primitiven in ihrem geschlossenen Sinnzusammenhang verstehbar gemacht zu haben. Es handelt sich dabei um eine in der Grundhaltung über alle Erdteile hin weitgehend gleichartige Vorstellungswelt, die auch unsere eigene Vor- und Frühzeit beherrscht und sich in ihren Ausstrahlungen weit bis in unser Mittelalter hinein erstreckt ** hat, und deren Gegensatz zur Vorstellungswelt des technisierten Menschen angedeutet werden kann durch die Feststellung, daß der »magische« Mensch die Sonderung seiner Erlebniswelt in Innen- und Außenwelt erstens weniger schroff und ausgeprägt, und zweitens mit einer wesentlich *anders liegenden Grenzziehung* durchführt.

Wenn der Primitive mit Zauber, Beschwörung und Opfern einen Feind oder eine Naturgewalt bekämpft, so ist es ganz abwegig, diese Maßnahme achselzuckend als wirkungslos zu bezeichnen. Ihre Wirksamkeit ist eingreifend und nachhaltig, wenn auch die Inkongruenz unserer Vorstellungsweise zu der des Primitiven

---

* Th. W. Danzel, Magie und Geheimniswissenschaft. Stuttgart 1924. – Kultur und Religion des primitiven Menschen. Stuttgart 1924.

** Näheres hierüber in dem faszinierenden Buch »Totem« von A. E. Günther, Hamburg; vergriffen.

uns nötigt, dieser Wirksamkeit eine Erklärung zu geben, welche doch eine heimliche Herabsetzung, eine Realitätsaberkennung enthält: Wir sagen von unserer Auffassung aus, daß die fraglichen Maßnahmen den Primitiven mit seelischen Kräften (autosuggestiver Art) ausstatten, die seine Erfolgsaussichten dem Feind oder der Naturgewalt gegenüber entscheidend verändern können. Entsprechend betrachten wir es als Wirkung einer »Autosuggestion«, wenn ein Primitiver innerhalb von Stunden stirbt, weil ihm bekannt wird, daß er ahnungslos eine schwere Tabu-Verletzung begangen hat. Allgemein vermögen wir die ständige Auseinandersetzung des Primitiven mit dämonischen Mächten in unsere Vorstellungswelt einzuordnen als Einwirkung auf subjektive psychische Mächte (mögen wir dabei von »Unbewußtem« oder von »Komplexen« oder sonst ähnlichem sprechen). Der magische Mensch jedoch ordnet diese Mächte nicht der Innen-, sondern der Außenwelt zu: Die nach außen verlegten, objektivierten psychischen Mächte sind seine *Dämonen.*

Die Ausdrucksweise »nach außen *verlegt*« läßt noch einmal die Auffassung hervortreten, daß letzten Endes doch wir recht haben und der Primitive unrecht; ändern wir dies lieber – bis wir die Frage Recht oder Unrecht genauer erwogen haben – in eine kein »Besserwissen« behauptende Ausdrucksweise: Die von uns der Innenwelt, vom magischen Menschen dagegen der Außenwelt eingeordneten Mächte sind dessen Dämonen.

Natürlich erscheint uns diese andersartige Grenzziehung zwischen Innen- und Außenwelt nicht nur fremdartig, sondern überdies bei oberflächlicher Betrachtung sogar unsinnig und widerspruchsvoll; in der Tat müssen uns einzelne aus dem Zusammenhang der Gesamtauffassung herausgerissene Urteile oder Handlungen des »magischen« Menschen als sinnwidrig und »abergläubisch« erscheinen. Erst in ihrer Geschlossenheit erweist seine Vorstellungswelt eine Folgerichtigkeit, die aus losgerissenen Bruchstücken nicht zu erkennen ist. Dabei werden Handlungen und Maßnahmen, die von unserer Auffassung aus als ganz verschiedenartig anzusehen sind, als eng verwandt und zusammengehörig, geradezu als Einheit empfunden. So ist beispielsweise die Erlegung eines Tieres durch Bogen und Pfeil – für unsere Begriffe eine unmittelbar verständliche Handlung wohlberechneter technischer Zweckmäßigkeit – für den Primitiven nur eine besondere Art des Zaubers, durchaus nicht wesentlich verschieden von Beschwörungshandlungen, deren Sinn wir unsererseits auf einer ganz anderen Ebene zu suchen geneigt sind.

Da man der »magischen« Weltauffassung die innere Folgerichtigkeit und Geschlossenheit keineswegs absprechen kann, so ist die Frage, wer recht oder unrecht hat, kaum anders, als auf Grund des Erfolges beurteilbar. Der Erfolg der magischen Weltauffassung ist aber jedenfalls der, daß sie der Tierart »Mensch« das Heraustreten aus dem Tierreich ermöglicht hat. Die großen Urentdeckungen, auf denen alle menschliche Kultur beruht – Werkzeuge, Waffen, Uranfänge der Technik, Viehzucht, Ackerbau – sind vorstellbar und verstehbar als Entdeckungen des magischen Menschen; sie wären zum großen Teil unvorstellbar und unverständlich, wenn wir unsere eigene geistige Einstellung (in entsprechend verkürzter Ausgabe) in den Menschen der Ur- und Frühzeit hineindeuten wollten – wie es eine von Ideen des Aufklärungszeitalters noch beherrschte Wissenschaft oft getan hat *. Und den auf der Stufe der Primitiven stehengebliebenen Völkern hat ihr »magisches« Denken und Fühlen immerhin bis zum Einbruch der modernen technisierten Welt erlaubt, ein artgemäßes Leben im Gleichklang mit der umgebenden Natur aufrechtzuerhalten – während unser technisches Denken noch keine Abhilfe gefunden hat für die durch sein Vordringen in die Wildnis bewirkten Zerstörungen, die den dortigen Menschen mit Entseelung und Proletarisierung, die dortige Natur mit Verwüstung (wie etwa Ausrottung der Großtierwelt) bedrohen.** Also der Er-

---

* Vergl. hierzu das erwähnte Buch von A. E. Günther.

** In weiten Gebieten Afrikas ist die Umwandlung von Kolonialgebieten in Entwicklungsgebiete dann freilich »gefeiert« worden durch Aufhebung der von den verhaßten Weißen erlassenen, für Schonung sorgenden Jagdgesetze, wonach sich schärfste Steigerung des Ausrottungstempos ergeben hat.

folg als Maßstab spricht keineswegs gegen die »magische« Weltauffassung; und so wird die Frage dringlich, aus welcher *historischen Quelle* unsere eigene, abweichende Einteilung des unmittelbaren Erlebens nach Innen- und Außenwelt entstanden ist.

Diese Frage kann wohl in recht bestimmter Weise beantwortet werden: Die *antike Atomphilosophie* und ihre spätere naturwissenschaftliche Auswirkung hat uns auf die heute gewohnte Grenzziehung von Innen- und Außenwelt festgelegt. Mit der berühmten Erklärung *Demokrits* ist entschieden, was als objektive Außenwelt, und was als subjektives Innenerlebnis gewertet werden soll: »Es existiert nichts, als *die Atome und der leere Raum*; alles andere ist *Meinung*.«

Die Eingewöhnung in *diese* Festlegung dessen, was als Inhalt der objektiven Außenwelt anzuerkennen sei, hat die Loslösung vom »magischen« Weltverständnis endgültig gemacht. Natürlich kann es keinen Zweifel geben betreffs der positiven Notwendigkeit dieser Loslösung, die die Voraussetzung gebildet hat für jene gewaltige Entfaltung von Naturwissenschaft und Technik, die wir – ohne damit einem gestrigen, überholten Fortschrittsoptimismus ein Zugeständnis zu machen – als unser großes, ernstes und herrliches Schicksal empfinden. Aber die geistige Entwicklung geht weiter; der Rahmen unserer bisherigen Auffassung des Problems der Innen- und Außenwelt kann sich im weiteren Fortgang als zu eng, als revisionsbedürftig erweisen. Und für die Durchdenkung möglicher oder notwendiger Revisionen kann es wertvoll sein, einmal den Blick zurückgewandt zu haben in die geistige Urzeit der Menschheit, nicht mit dem Wunsch, uns zu Verlorenem zurückzusehnen, sondern mit der Entschlossenheit, nichts ungeprüft zu lassen, woraus wir vielleicht für unsere Zukunft lernen können.

Die moderne Entwicklung der Physik drängte, wie oben schon angedeutet, machtvoll auf jene philosophisch-erkenntnistheoretische Einstellung hin, die (oft mit der etwas unglücklichen Bezeichnung »positivistisch« belegt) bereits eine entschiedene Absage an das von der antiken Atomphilosophie bestimmend geformte Bild von Außenwelt und Innenwelt enthält und die dieses zu einseitige Bild durch ein allgemeineres zu ersetzen beginnt, das in gewissem Sinne dem uralten wiederum näher steht. Es ist im Grunde nicht verwunderlich, sondern durchaus sinnvoll, daß Ernst Mach* als kühnster Vorkämpfer dieser erkenntnistheoretischen Wendung innerhalb der Physik zu einer besonderen heftigen Ablehnung der Atomvorstellung kam. Er hat geirrt in dem Sinne, daß er den physikalischen Wahrheitskern der Atomvorstellung verkannte. Aber er hat vielleicht richtig herausgefühlt, daß mit der Annahme der Atomvorstellung in Demokritschem Sinne eine viel zu starre Festlegung für zwei Jahrtausende unserer Geistesgeschichte vollzogen war. Die dogmatische Auffassung des Problems der Außenwelt, die (von der Atomphilosophie angebahnt) durch die klassische Physik und die materialistische Philosophie präzisiert wurde, mußte die Zielsetzung physikalischer Forschung so auffassen, daß die Erkennung der objektiven Außenwelt unter Abstreifung alles subjektiven Scheins (aller »Meinung«) zu erstreben sei. Diese Aufgabenstellung aber konnte nur so lange zu eindeutigen Ergebnissen führen, wie es möglich und berechtigt schien, von vornherein bestimmte Rahmenvoraussetzungen über die Natur der aufzusuchenden objektiven Außenwelt zu machen. Diese Voraussetzungen waren ebenfalls durch die antike Atomphilosophie vorgeformt, und dann endgültig präzisiert worden in dem dogmatischen Prinzip der mechanischen Naturerklärung. Bereits die Maxwellsche Theorie der Elektrizität (auf der unter anderem, da sie den Anstoß zur Entdeckung der elektrischen Welleng ab, die ganze Radiotechnik von heute beruht) führte aber zu einem Bruch mit diesem Dogma der mechanischen Naturerklärung; und die seither erfolgten einschneidenden Umgestaltungen der physikalischen Vorstellungswelt haben diesen Bruch vertieft und ihm Endgültigkeit verliehen.

Die Abkehr von der alten mechanischen Naturerklärung er-

* Ausführliche Betrachtung der Einstellung Einsteins zu den Gedankengängen Ernst Machs ist gegeben in einem anderen Buche des Verfassers: Albert Einstein. Sein Lebenswerk und die Zukunft der Physik. Stuttgart 1969.

gab ein Bedürfnis, statt dessen neue leitende Grundsätze für die Gestaltung der physikalischen Theorienbildung festzulegen; und immer wieder gelangen die entscheidenden Fortschritte der letzten Jahrzehnte durch klare Herausstellung des Grundsatzes der »Erlebnis-Wirklichkeit«: Aufgabe der Theorie ist die zusammenfassende Beschreibung der im Experiment unmittelbar zutage getretenen Erfahrungstatsachen; wobei die Beschreibung ein Höchstmaß von Einfachheit, Vollständigkeit, Genauigkeit, Klarheit, Übersichtlichkeit zu erstreben hat. So etwa können wir (in Anlehnung an die berühmte Formulierung KIRCHHOFFS) sagen, wenn wir in einem kurzen Satz diejenige Einstellung kennzeichnen wollen, die (obwohl oft als angeblich ungenügend und nicht endgültig befriedigend bezeichnet) immer wieder die weiterführende Wegrichtung erkennen ließ in den scheinbar ausweglos verwirrten Verhältnissen, denen sich die Physik auf ihrem Weg durch die letzten Jahrzehnte so vielfach gegenübersah.

IV

Obwohl seit Anbeginn der modernen Naturwissenschaft das Denken der physikalischen (und chemischen) Forscher stets um die Atomvorstellung kreiste, so hat doch erst unser Jahrhundert das Atom zum Range einer experimentell gesicherten Realität erhoben. Was wir heute »Atom« nennen, entspricht zwar nicht mehr der ursprünglichen Bezeichnung, da es nicht ein unteilbarer, unzerstörbarer Bestandteil der Materie, sondern selber ein aus noch einfacheren Bestandteilen aufgebautes Gebilde ist. Aber diese Bausteine der Atome selbst, die Elektronen, Protonen, Neutronen, sind eine endgültige Bestätigung eines wesentlichen Teiles dessen, was DEMOKRIT vorausgeahnt hat: letzte, unzusammengesetzte Teilchen, aus denen die Materie aller chemischen Elemente aufgebaut ist.*

---

* Die versuchte, noch umstrittene Zurückführung der Elementarteilchen auf »Quarks« würde im Falle des Gelingens nur eine unerhebliche Änderung unserer Formulierung nötig machen.

Daß wir diese Bausteine der Materie heute kennen – als gesicherte Realitäten, und nicht nur als in nebelhafter Ferne liegende Vermutungen der Spekulation (wir wissen zum Beispiel sehr genau, wie schwer jedes dieser winzigen Teilchen ist) –, das ist ein erstaunlicher Triumph modernen experimentellen Könnens. Um die Jahrhundertwende hatte Ernst Mach scharfsinnige methodische Einwände gegen die damalige Handhabung der Atomvorstellung vorgetragen. Demokrit und seine Anhänger hatten sich ganz primitiv die Atome als kleine Körperchen vorgestellt, die durch den leeren Raum dahinschwirren, beim Zusammenstoße voneinander abprallen, oder etwa mit Haken ineinander hängen; und was man noch in der Mitte des vorigen Jahrhunderts sich von den Atomen dachte, war im Grunde nicht sehr weit von diesen alten Vorstellungen entfernt. Mach wies mit Nachdruck darauf hin, daß hier aber sozusagen einer rein menschlichen Denkbequemlichkeit nachgegeben war: wir sind gewohnt, dasjenige, was wir uns körperlich vorstellen – also deutlich gesagt, was wir uns vom Gesichtssinn und vom Tatsinn aus als körperliche Gestalt vorstellen – für »faßlicher« zu halten, als dasjenige, was wir hören, riechen oder als Farbe sehen. Es bedeutet eine Rücksichtnahme auf diese menschliche Gewohnheit, wenn wir die Materie auf letzte Bestandteile körperlicher Gestalt zurückführen.

Mit diesem methodischen Einwand wird die Lehre Demokrits in ihrem eigentlichen Kern angegriffen. Denn das war gerade der entscheidende Schritt der antiken Atomphilosophie, daß sie die »Farbigkeit der Welt«, daß sie sinnliche Qualitäten der Dinge für einen bloßen Schein erklärte, vorgetäuscht als (wie wir heute sagen würden: sinnesphysiologisches) Ergebnis der Einwirkung der Atome auf uns. Nur die geometrischen und mechanischen Eigenschaften der Atome sollten wahre Realität besitzen.

Übrigens hängt mit diesem Kernpunkt auch die »materialistische« weltanschauliche Auswirkung der Atomphilosophie zusammen. Alle anderen Dinge unserer Wahrnehmung und Empfindung für bloßen Schein zu erklären gegenüber der Mechanik der Atome, und damit zugleich eine Herabwertung zu verbinden, das ist ja der eigentlich charakteristische Zug der materialistischen Naturphilosophie; erfindet seine Parallele und Ergänzung im *historischen* Materialismus, welcher unter allen Erscheinungen menschlicher und historischer Schicksale nur die wirtschaftlichen Vorgänge als eigentlich real ansieht.

Aber MACHS Kritik bewirkte in erster Linie nur eine Verstärkung des Bemühens, die vielberedeten Atome endlich – mit den hochgesteigerten experimentellen Mitteln, über die man nun verfügte – wirklich experimentell zu fassen. Diese Bemühungen sind ja von unzweifelhaft positivem Erfolg gewesen. Hochentwickelte Experimentierkunst und scharfsinnig erdachte Versuchsanordnungen, in Verbindung mit genialen Tatsachenanalysen vor allem durch EINSTEIN, haben uns Dinge zugänglich gemacht, die noch vor nicht langer Zeit in unerreichbar scheinender Ferne lagen. Und daß die Materie tatsächlich aus kleinen Teilchen besteht, daran ist nicht mehr zu rütteln.

Trotzdem ist die Vorstellungsweise, die wir DEMOKRIT verdanken, und die in ihren Grundlagen auch zu F. A. LANGES Zeit* noch unverändert die herrschende war, durch die moderne Physik ebensosehr widerlegt wie bestätigt worden. Das ist eine sehr paradoxe Angelegenheit.

Es begann damit, daß man – als endlich die Atome dem Experiment zugänglich gemacht waren – die Atomistik sozusagen noch umfassender bestätigt fand, als man vorher erwarten konnte. Man hatte sich schon längst auf Grund schlagender Experimente überzeugt, daß das Licht eine Wellenbewegung sei – eine verkleinerte Ausgabe der heute jedermann bekannten elektrischen Radiowellen. Gegenüber dieser experimentellen Gewißheit der Wellennatur des Lichts mußte es als ein höchst wunderbarer und aufregender Widerspruch erscheinen, daß andersartige experimentelle Tatsachen ebenso eindeutig zeigten (nach EINSTEINS theoretischer Analyse), daß ein Lichtstrahl – ähnlich

---

* Lange, F. A.: Geschichte des Materialismus.

der Schußgarbe eines Maschinengewehrs – aus lauter dahinfliegenden kleinen Teilchen, aus »Lichtatomen« (Einsteins »Lichtquanten«) besteht.

Diesem schweren Widerspruch haben sich durch die Arbeit der modernen Physisker verwandte paradoxe Widersprüche in Fülle hinzugesellt. Es handelte sich dabei nicht um solche Widersprüche, wie sie sich oft in der Geschichte der Naturwissenschaft eingestellt haben dadurch, daß man eine Zeitlang irrige Annahmen gehegt hatte, denen neue Experimente widersprachen, wonach dann die Sache in Ordnung gebracht wurde. Sondern jetzt handelt es sich um folgenden höchst paradoxen, aber ganz unabänderlichen Tatbestand: Bestimmte Experimente erweisen eine wellenhafte Natur des Lichtes, und bestimmte andere erweisen im Gegenteil die Existenz von dahinfliegenden Licht-teilchen, also eine atomistische Natur des Lichtes.

Die Materie aber zeigt ganz dieselbe »dualistische« Natur. Man kann zum Beispiel an einem »Kathodenstrahl« ebenfalls einerseits nachweisen, daß es sich um dahinfliegende Teilchen handelt – nämlich die als Atombausteine bekannten Elektronen. Aber man kann auch andererseits nachweisen, daß ein Kathodenstrahl ein Wellenvorgang ist.

Alle Versuche, für diese Tatsachen eine mit gewohnten Vorstellungen arbeitende Erklärung zu finden (»erklären« bedeutet ja immer: auf schon Bekanntes zurückführen), sind vergeblich gewesen; man hat sich damit abfinden müssen, daß hier etwas Neues vorliegt, das in keiner Weise aus gewohnten und bekannten Vorstellungen heraus verstanden werden kann. Wir dürfen aber heute behaupten, diese Probleme gedanklich vollkommen durchdrungen zu haben. Das ging nicht ohne Verzicht auf manchen gern für unentbehrlich und unabänderlich gehaltenen Grundsatz früheren naturwissenschaftlichen Denkens; und die revolutionäre Neugestaltung, die die Physiker unseres Jahrhunderts im Ringen mit diesen Problemen durchgeführt haben, traf bei manchen Skeptikern auf Zweifel und Bedenken. Aber es ist jedenfalls so, daß es nur eine einzige Auffassung gibt, die das gesamte riesige Erfahrungsmaterial der modernen Atomphysik bis in die letzte Feinheit und Einzelheit gedanklich zu erfassen und zu deuten und den hervorgehobenen paradoxen Tatsachen gerecht zu werden vermag.

Wer von einer Entdeckungsfahrt in unbekannte Fernen wiederkehrt, der wird es um so schwerer haben, eine Schilderung zu geben von dem dort Geschehenen, je merkwürdiger und ungewohnter das dort Vorgefundene war. Solche Schwierigkeiten hat auch der Physiker, wenn er berichten soll von der gegenüber allem sonst Bekannten so völlig andersartigen Welt, die entdeckt wurde auf der Suche nach den Atomen DEMOKRITS – ähnlich wie auch KOLUMBUS statt des Gesuchten etwas ganz anderes fand.

Es ist zwar richtig, daß die Materie aus Atomen besteht; aber es ist eben nur in demselben Umfang richtig, wie die Feststellung, daß das Licht atomistische Struktur besitzt – es ist nämlich andererseits auch durchaus *nicht* richtig. Dieses »Einerseits–Andererseits« ist das eigentlich Charakteristische und revolutionär Neue der »Mikrophysik« gegenüber der älteren, mit sichtbar großen Körpern arbeitenden »Makrophysik«.

Die mikrophysikalischen atomaren Gebilde haben gleichsam *verschiedene Seiten*, von denen jeweils nur *eine* in die experimentelle Beobachtung gezogen werden kann. So hat das Licht sowohl eine »Wellenseite«, als auch eine »Teilchenseite«; und es gibt solche Experimente, die die eine, und solche, die die andere beobachtbar werden lassen. Das ist aber keineswegs so primitiv zu verstehen, wie etwa, daß ich einen Stein, den ich in der Hand halte, immer nur von einer Seite besehen kann – daß ich, ihn herumdrehend, auf das Besehen der »Vorderseite« verzichten muß, wenn ich die »Rückseite« ansehen will. Während ich die Vorderseite dieses makrophysikalischen Gegenstands besehe, ist die mir augenblicklich unsichtbare Rückseite doch in bestimmter Form vorhanden – ich brauche nur einen Spiegel anzuwenden, um auch die Rückseite zugleich mit der Vorderseite sehen zu können. Aber das, was wir die »verschiedenen Seiten«, oder in der Fachsprache: die »*komplementären* Eigenschaften« eines mikrophysikalischen Gebildes nennen, verhält sich viel merkwürdiger.

Wenn ich experimentell an einem Lichtstrahl die »Wellenseite« beobachte, so gibt es keinerlei experimentelle Vorrichtung, die eine analoge Rolle übernehmen könnte, wie der Spiegel im obigen Vergleich. Und zwar ist nicht nur festzustellen: *Heute* kennen wir noch keine solche Vorrichtung; sondern vielmehr: die Existenzmöglichkeit einer solchen Vorrichtung muß geleugnet werden, weil sie einen *Widerspruch in sich* darstellen würde. (Einen Widerspruch, der auf keine Weise behoben werden könnte – im Gegensatz zu den oben besprochenen paradoxen *scheinbaren* Widersprüchen, die wir gerade jetzt aufklären wollen). Man kann auch sagen: Die Teilchenseite des Lichtes existiert gar nicht, solange die Wellenseite experimentell beobachtet wird. Bei unserem Stein pflegen wir ja die Vorstellung einer von den Beobachtungsprozessen *unabhängigen* objektiven Realität durchzuführen: In Gedanken stellen wir ihn uns vor als einen Gegenstand, der immer in gleicher Weise seine Vorder- und Rückseite hat, einerlei, ob die eine ander die andere, oder beide oder keine gerade besehen wird. Das ist uns so vollkommen selbstverständlich, daß wir es gar nicht hervorzuheben pflegen. Daß aber gerade mit solchen grundlegenden »Selbstverständlichkeiten« unseres gewohnten Denkens aufgeräumt werden muß, wenn wir die Erscheinungen der Mikrophysik verstehen wollen, das bedeutet eben, daß neue naturwissenschaftliche Denkformen notwendig sind.

Wellenseite und Teilchenseite des Lichtes sind etwas so fundamental Verschiedenes, daß es eine Apparatur, die beide zugleich beobachtbar macht, einfach nicht geben kann, ihre Existenz würde den Gesetzen der Logik widersprechen. Wir haben nur die Wahl, in jedem einzelnen Falle entweder die eine, oder die andere Seite zu beobachten. Offenbar also muß es so sein, daß ein die Wellenseite beobachtendes Meßinstrument einen zerstörenden Einfluß ausübt auf die andere, die komplementäre Seite.

Die ältere Physik (man kann auch allgemeiner sagen: die ganze bisherige Naturwissenschaft) stellt sich den Vorgang einer experimentellen Beobachtung und Messung so vor, wie etwa das Anvisieren eines Sternes durch ein Fernrohr: Der zu beobachtende Körper ist sowieso als objektiver Gegenstand vorhanden, und die Beobachtung ist ein ganz passives Zur-Kenntnis-Nehmen, ein bloßes Aufnehmen eines sowieso vorhandenen (nur vorher unbekannt gewesenen) Tatbestandes.

Aber es gibt Fälle, wo ein Beobachtungsakt gar nicht durchführbar ist ohne eine gleichzeitige Beeinflussung und Abänderung des Beobachteten durch den Beobachtungsprozeß. Bei der vivisektorischen Beobachtung von Lebensvorgängen beispielsweise kann eine tiefeingreifende Veränderung des Objektes durch den Beobachtungsprozeß in keiner Weise vermieden werden. Die Physiologen sind heute zwar noch geneigt, dies als eine bloße technische Erschwerung von letzten Ende nur sekundärer Bedeutung anzusehen. Aber die Atomphysiker haben erkannt, daß in der Mikrophysik eine ganz analoge Unmöglichkeit besteht, eine verändernde Beeinflussung des Objektes zu *trennen* vom Vorgang der experimentellen Beobachtung. Einerlei, ob die Vermutung einer bedeutungsvollen Parallele dieser neuen physikalischen Erkenntnis zu den biologischen Gesetzlichkeiten sich als richtig erweisen wird –: Innerhalb des Gebietes der Physik ist jedenfalls die alte Vorstellung einer von den Beobachtungsvorgängen unabhängige Realität als undurchführbar erwiesen. Ganz anders als zuvor müssen wir jetzt die physikalischen Beobachtungs- und Messungsprozesse auffassen als eine höchst aktive *Auseinandersetzung* mit dem beobachteten Gebilde, das dabei eingreifend beeinflußt wird. Nur bei der Untersuchung makrophysikalischer großer und grober Gebilde können wir die Beeinflussung des Objektes durch das Meßinstrument verschwindend klein machen, indem wir Meßinstrumente anwenden, die viel feiner als das untersuchte Objekt sind. Bei den mikrophysikalischen Objekten dagegen können wir in der Beobachtung einen einschneidenden störenden Eingriff nicht vermeiden, sondern ihn nur – je nach Wahl – auf eine bestimmte der verschiedenen »Seiten« des Objekts verlegen: Die dazu »komplementäre« Seite tritt dann klar beobachtbar hervor.

Dies also ist die eigentliche Wurzel des »Einerseits–Andererseits« in der Mikrophysik. Und wenn wir zum Schluß uns fragen, ob die auf DEMOKRIT zurückgehenden und in unserer physikalischen Forschung bis zur neuesten Zeit gültig gebliebenen Gedanken durch das Experiment bestätigt worden sind, so kann die Antwort zwar gewiß kein Nein, aber ebensowenig ein glattes Ja sein. Es ist nur die *eine* Seite der Natur, die dem Vorstellungsbilde der Atomistik entspricht; aber es gibt auch andere Seiten – in einer Gestalt, die jenseits früherer Denkmöglichkeiten liegt, und deren erfolgreiche, durchdringende Erfassung durch die moderne Physik wahrscheinlich auch den biologischen Wissenschaften in der Zukunft neue begriffliche Möglichkeiten erschließen wird.

Mit dieser Wendung ist gerade derjenige Zug der antiken Atomistik überwunden worden, auf den MACHS Kritik hingewiesen hatte und dessen wesentliche Bedeutung für die materialistische Weltanschauung wir hervorgehoben haben: die einseitige Bevorzugung körperlich-mechanistischer Qualitäten gegenüber der sonstigen, für »Schein« erklärten »Farbigkeit der Welt«. Denn das Atom der heutigen Atomphysik ist nicht mehr ein mit körperlichen Qualitäten gleichsam greifbar ausgestaltetes Ding: es ist ein *System komplementärer Eigenschaften,* gedanklich darstellbar nur in gewissen mathematischen Formeln, deren Abstraktheit keinerlei sinnliche Qualität mehr besitzt, aber gerade deshalb die *Gleichberechtigung* aller sinnlichen Qualitäten wieder herstellt.

Denjenigen Lesern dieses Buches, die auch mein Buch »Der Naturwissenschaftler vor der religiösen Frage« kennen, ist der fundamentale Begriff der Komplementarität bereits weitgehend vertraut. Die soeben gegebene Erläuterung sollte jedoch darüber hinaus die riesige Tragweite dieses Begriffes sichtbar machen, der tatsächlich – wie schon BOHR seinerzeit oft betont hat – nicht nur die Lösung eines bestimmten *physikalischen* Problems (Welle/Korpuskel) enthält, sondern unser gesamtes Denken umfassend zu befruchten vermag. Dieser Gedanke der Komplementarität beginnt gleichsam durch das in ihm enthaltene Dynamit große Teile des in mehr als zwei Jahrtausenden errichteten und in mancher Hinsicht zu engen und zu starren Erkenntnisgebäudes der Menschheit befreiend für unerwartete Fortentwicklung zu öffnen.

V

Damit wird aber der alte Glaube an die bevorzugte Realität der objektiven Außenwelt gleichfalls erschüttert. Denn hier wenden wir uns, auf ein »Ding an sich« völlig verzichtend, zur unmittelbaren Erfahrung – zu unmittelbaren Erlebnistatsachen – als dem in Wahrheit Wichtigen zurück. Wir bewerten nicht mehr das unmittelbar Erlebte als einen die objektive Wirklichkeit verhüllenden Schein; sondern genau umgekehrt fassen wir unser Bild von der »objektiven Außenwelt« als ein *Gedankengebilde* auf, als eine *Hilfskonstruktion*, deren Sinn und Zweck es ist, uns ein Überblicken – ein gedankliches und technisches Beherrschen – der in Experimenten und Beobachtungen unmittelbar erlebten Wirklichkeit zu ermöglichen.

Es ist im vorigen Absatz hervorgehoben worden, daß es oberflächlich wäre, die moderne Atomphysik einfach als eine Bestätigung der Gedanken DEMOKRITS zu verstehen. In Wahrheit ist die alte Atomphilosophie durch die neuen Erkenntnisse ebensosehr widerlegt wie bestätigt worden – denn statt der Atome DEMOKRITS haben wir etwas wesenhaft anderes gefunden. Aber die geistige Entwicklung verlangt Kontinuität; es ist ein berechtigtes Zugeständnis an die Forderung der Kontinuität, wenn wir vom heutigen Standpunkt aus die Bestätigung zunächst stärker betonen, als die Widerlegung, die damit verknüpft ist. Die Zukunft jedoch wird vielleicht die Forschungsergebnisse unserer Jahrzehnte anders werten. Ihr wird vielleicht die grundsätzliche Widerlegung und Überwindung der DEMOKRITschen Vorstellungen wichtiger und charakteristischer für unsere Zeit sein, als die partielle Bestätigung. Denn diese Überwindung und Widerlegung stabilisiert auch die Überwindung der durch die antike Atomphilosophie begründeten Auffassung des Problems von Innen- und Außenwelt.

Vor diesem geistesgeschichtlichen Hintergrund offenbart die Entdeckung der mikrophysikalischen Komplementarität ihre volle Tragweite und Bedeutung.

Wir müssen ganz von vorn beginnen. Bisher konnten wir den Erlebnissen des im Laboratorium experimentierenden Physikers *deshalb* ein anderes Gewicht zuschreiben, als den halluzinatorischen Traumerlebnissen eines Nachtwandelnden, weil wir überzeugt waren, daß die Beobachtungserlebnisse des Physikers Rückschlüsse auf die objektive Außenwelt erlauben, die Visionen des Träumenden hingegen nicht. Jetzt hat sich die Lage umgekehrt: Aus Gründen, die wir uns noch deutlich bewußt machen müssen, sind uns die Experimente wichtiger als die Traumgesichte; und *deshalb* widmen wir den Experimenten so viel Aufmerksamkeit, daß wir ihre Ergebnisse in unsere Denkkonstruktion »Außenwelt« einarbeiten.

Warum uns nun die Experimente wichtiger als Halluzinationen – oder warum überhaupt das Wach-Erleben uns wichtiger als das Traum-Erlebnis ist – das ist auch ohne Bezug auf philosophische Dogmen so klar, daß es sich kaum verlohnt, der (freilich notwendigen) Bewußtmachung viele Worte zu widmen. Die Klarheit, Bestimmtheit und Festigkeit, die das Wach-Erleben von den flüchtigen, schwankenden Traumgestalten unterscheidet (*für uns* jedenfalls; dem Primitiven ist auch die Unterscheidung von Tag und Traum keineswegs so scharf bestimmt) – diese Klarheit hängt zusammen mit der so festen, zuverlässigen *Gesetzlichkeit* der im Wachen erlebten Welt.

Aber das hier auftauchende Problem ist doch zu ernst, als daß wir ganz darauf verzichten könnten, ihm etwas schärfer nachzuspüren. Versuchen wir jetzt einmal, vorübergehend zu vergessen, daß wir von Quantenphysik und quantenphysikalischer Komplementarität bereits gehört haben. Dann könnten wir folgendes erwägen.

Der Begriff »Außenwelt« soll zum Ausdruck bringen, daß es sich um etwas handelt, was *unabhängig* vom erlebenden, wahrnehmenden, beobachtenden Subjekt vorhanden ist (oder als vorhanden gedacht werden darf). Extreme philosophische Auffassungen haben zwar das Subjekt als Voraussetzung jeglichen Objektes bezeichnet oder die ganze Welt grundsätzlich als Bewußtseinsinhalt hingestellt. Aber das hat ja, grob ausgedrückt, bestenfalls nur eine theoretisch-prinzipielle und keine praktische Bedeutung; es verwischt keineswegs den tatsächlichen Unterschied von Traumwelt und Tageswirklichkeit. Dieser Unterschied wird also mit dem Begriffe »Außenwelt« so gedeutet, daß es Objekte gibt, die als solche auch dann bestehen bleiben, wenn wir, statt sie zu betrachten, in eine andere Richtung sehen oder uns dem Schlafe überlassen. Wohingegen die Gestalten des Traumes verschwinden und verlorengehen, ohne eine auffindbare Spur zu hinterlassen.

Zu den Voraussetzungen dafür, daß etwas in diesem Sinne als unabhängig vom erlebenden Subjekte existierend gedacht werden darf, gehört offenbar, daß immer wieder eine diese Existenz nachprüfende Beobachtung vorgenommen werden kann, ohne daß das fragliche Objekt gestört, beeinflußt oder verändert wird. Für unsere subjektiven Innenerlebnisse (und zwar nicht nur die Traum-, sondern auch die Wacherlebnisse des Innenlebens) ist das ja durchaus anders. Ich kann nicht wütend sein und zugleich meine Wut in psychologischer Selbstbeobachtung analysieren. Ich kann auch nicht einschlafen und zugleich den Vorgang des Einschlafens beobachten: entweder die Beobachtungstätigkeit läßt schließlich nach, oder das Einschlafen wird verhindert. Allerdings gilt das keineswegs derart, daß inneres Erleben völlig unvereinbar wäre mit bewußter analysierender Beobachtung des Erlebten; es ist vielmehr so, daß beides in gewissem Ausmaß noch nebeneinander bestehen kann, aber sich gegenseitig beeinflußt. Das Blasserwerden und Engerwerden seelischen Erlebnisreichtums mit sich steigernder Bewußtheit, Willensklarheit und technischer Intelligenz – ein Vorgang, den wir ja im Fortschreiten vom Mittelalter zur neueren Zeit im größten Stil vollzogen sehen – hängt hiermit eng zusammen.

Also je näher wir dem Subjekt, dem Ich-Zentrum kommen, desto schwieriger oder unmöglicher wird es, die dortigen Erlebnisse zu objektivieren, das heißt zum Gegenstand einer Betrachtung und Beobachtung zu machen, die das Beobachtete nicht verändert, sondern es als ein unabhängig vom Vorgang der Beobachtung Existierendes zu denken erlaubt. Und so können wir umgekehrt das, war wir »Außenwelt« nennen, etwa folgendermaßen definieren: Außenwelt nennen wir diejenige *Randzone* unserer Erlebniswelt, die beschreibbar ist auf Grund der Vorstellung eines von den Wahrnehmungs- und Beobachtungsvorgängen unabhängigen Seins und Geschehens. So oder so ähnlich muß die Definition lauten, wenn wir uns auf historisch bedingte dogmatische Vorstellungen nicht mehr verlassen wollen.

Zurückkehrend zur rein physikalischen Rolle des Komplementaritätsbegriffs könnten wir uns die durch ihn tiefgreifend veränderte Bewertung von Makrophysik und Mikrophysik an folgender Betrachtung verdeutlichen: Für ein noch vom vorigen Jahrhundert stark beeinflußtes Denken wäre es naheliegend, den Gedanken zu äußern, daß ein wirklich modernes Lehrbuch der Physik eigentlich *beginnen* müßte bei den Atomen und Elektronen, um dann fortschreitend die Makrophysik (die Physik der großen Mengen von Mikrogebilden) als *Folgerung* aus den für Einzelatome und so weiter geltenden Naturgesetzen zu entwikkeln. Nach den Ergebnissen der Physik unseres Jahrhunderts wäre jedoch ein solcher Versuch *grundsätzlich* verfehlt. Wir können in Wahrheit nur so verfahren, daß wir mit der Makrophysik *beginnen* – nur in ihr ist überhaupt ein fester Boden zu gewinnen – der es uns dann im weiteren Fortschreiten möglich macht, auch in die Tiefenschichten der Mikrophysik zu greifen.

In dieser Betrachtung vermögen wir übrigens auch zu erkennen, daß die neueste, in den letzten Jahrzehnten erfolgte Fortentwicklung der Physik in logischem Fortschreiten das bestätigt und radikalisiert, was wir durch die Atom- und Quantenphysik gelernt haben. Die moderne »Hochenergie-Physik« hat uns entdecken lassen, daß es außer denjenigen drei »Elementarteilchen«, aus denen die Materie aller chemischen Elemente besteht (Elektron, Proton, Neutron) noch zahllose andere Arten von Elementarteilchen gibt, die freilich infolge hochgradiger Instabilität (gemeint ist, wie im Falle radioaktiver Atomkerne: von sehr geringer »Halbwertszeit«) nur mit sehr raffinierten Mitteln in die Beobachtung zu ziehen sind und die in ihre so schnell wieder beendete Existenz zu rufen den riesigen Energieaufwand moderner »Beschleunigungsanlagen« erfordert.

Es wäre also das Programm, einen systematischen Aufbau der Physik in einer lehrbuchartigen Darstellung bei den Elektronen und Atomkernen zu beginnen, auch deshalb sinnwidrig, weil im Grunde *alle* diese Elementarteilchen (deren Eigenschaften heute schon in großem Umfang erforscht, aber dennoch weitgehend geheimnisvoll geblieben sind) gleichberechtigte Bausteine der physikalischen Wirklichkeit sind.

Kapitel 7

Die Stufen menschlicher Naturerkenntnis

I

Die Rolle des »Positivismus« in der heutigen allgemeinen Lage ist die, daß er fast von niemand vertreten, aber fast von allen Seiten immer wieder gescholten und verurteilt wird: Nur die häufige Wiederholung dieser Verurteilungen könnte einen Beurteiler, der aus der Gesamtheit heutiger Literatur einen Durchschnitt zöge, darauf aufmerksam machen, daß es sich hier doch augenscheinlich um ein irgendwie wesentliches Thema handelt. Innerhalb der modernen Physik, die ja durch den Gang ihrer Entwicklung in den letzten Jahrzehnten immer wieder vor letzte Fragen ihrer Methodik und ihrer Erkenntnistheorie gestellt worden ist, und die nur unter tiefeindringender erkenntnistheoretischer Besinnung ihre großen modernen Probleme in Relativitätstheorie und Quantentheorie lösen konnte, ist die Beurteilung des Positivismus freilich abweichend von derjenigen im sonstigen geistigen Leben von heute. Der Physiker meint aber von vornherein mit dem Worte »Positivismus« etwas ganz anderes, als Geisteswissenschaftler verschiedener Fächer zu tun pflegen. Man kann gerade die hierdurch begünstigten Mißverständnisse als einen Grund betrachten, auf die Benutzung des Wortes »Positivismus« lieber zu verzichten – dies wurde ja schon oben (Kapitel 6, Seite 162) ausgesprochen. Jedoch wird man die *sachlichen Fragen*, auf die dieses Wort uns hinweist, deswegen nicht vernachlässigen dürfen. Die auf eine Reform der menschlichen Gesellschaft hinzielenden Gedankengänge Comtes – die insbesondere in England einmal die Gründung »positivistischer« Gemeinden und Kirchen veranlaßt hatten – sind dem Physiker von heute nicht nur bedeutungslos, sondern zumeist auch ganz unbekannt. Und was etwa der Jurist oder der Geschichtsforscher innerhalb seines Arbeitsbereiches als »Positivismus« bezeichnet, hat mit dem Positivismus des Physikers ebenfalls nichts zu tun. Die Physiker meinen mit diesem Worte eine bestimmte erkenntnistheoretische Einstellung, deren Kennzeichnung freilich von Comte tatsächlich gefördert wurde, deren Rolle innerhalb der Physik aber in erster Linie nicht von dort her bestimmt ist, sondern aus der eigenen Gedankenentwicklung der physikalischen Forschung heraus – aus den Problemen Maxwells, Einsteins, Heisenbergs. Diesem viel engeren und viel bestimmteren Begriff von »Positivismus« gegenüber sind freilich auch die Physiker nicht ganz einheitlicher Meinung. Häufig sind sie geneigt, die positivistische Betrachtungsweise als ungenügend und einseitig anzusehen; aber man wird jedenfalls sagen dürfen, ohne die zutage liegenden Verhältnisse in verzerrender Weise zu beleuchten, daß dieser physikalische Positivismus ein bedeutsames, wichtiges Element der modernen Entwicklung geworden ist.

Man kann den Sinn dieser positivistischen Entwicklungsrichtung in der modernen Physik vielleicht am besten so kennzeichnen, daß die Physiker gegenüber den von ihnen experimentell erforschten und theoretisch durchdachten Erscheinungen immer weniger ein »Erklären« versuchen und immer entschiedener ein bloßes »Beschreiben« als Aufgabe des theoretischen Nachdenkens über die empirischen Befunde bezeichnen. Immer geringer werden (nach einem bekannten Worte Heisenbergs) die Ansprüche (und die Hoffnungen) in bezug auf ein »Verstehen« der Natur (im Sinne einsehbarer *Notwendigkeit* der empirisch vorgefundenen Grundgesetze) – aber immer anspruchsvoller die Leistung theoretischer Gedankengänge im zusammenfassenden Ordnen und Beschreiben weit ausholender Möglichkeiten exerimenteller Feststellung, wobei die grundsätzlichen empirischen Feststellungen letzthin als tatsächliche Gegebenheiten gewertet werden, die nur hinzunehmen, aber nicht zu »verstehen« oder zu »erklären« sind.

Man kann dies – nicht ohne Berechtigung – als eine Zielsetzung von alleräußerster Bescheidenheit bezeichnen; aber es ist nicht eine aus Willkür hervorgegangene Verzichtleistung, die darin liegt; sondern es ist der Preis, der bezahlt werden mußte für die fast überwältigenden Erfolge moderner Naturerkenntnis. Denn jene älteren Vorstellungsweisen, die das Erklären und Verstehen als Ziel und Aufgabe der Naturforschung bezeichneten, haben damit nicht nur eine unmögliche und unerreichbare, sondern sogar eine schädliche, der vordringenden Forschung schließlich hinderlich gewordene Zielsetzung gegeben. Der Begriff der »Erklärung« ist zwar berechtigt und einwandfrei, solange er in dem ganz klaren und ganz bescheidenen Sinne einer Zurückführung des Neuen auf das schon Bekannte, einer Einordnung neuer Befunde in einen schon vorher durchsichtig gemachten größeren Zusammenhang verstanden wird. Aber die viel weniger bescheidene Verwendung dieses Begriffs noch in der Physik vor hundert Jahren – die Hoffnung, auch die allgemeinsten, grundlegenden Gesetzmäßigkeiten der Physik nicht nur als empirische Tatsächlichkeiten ermitteln, sondern überdies auch noch »verstehen« zu können – diese Unbescheidenheit setzte voraus, daß man sich von vornherein bestimmte Rahmenvorstellungen von der physikalischen Grundgesetzlichkeit machte, so daß das Hineinpassen einer Theorie in diese Rahmenvorstellungen als Kriterium des »Verstehens« benutzt werden konnte. Und die von der traditionellen Philosophie gelieferten Rahmenvorstellungen physikalischen Denkens haben sich in der modernen Entwicklung als durchweg zu eng erwiesen, sie passen einfach nicht auf die empirische Wirklichkeit, die wir inzwischen in so unerhörter Eindringlichkeit zu durchleuchten vermochten.

Wenn wir einmal aus Comtes Gedankengängen alles das beiseite lassen, was außerhalb des naturwissenschaftlichen Bereiches liegt (damit freilich auch gerade das, was den *geisteswissenschaftlichen* Begriff des »Positivismus« eigentlich geprägt hat), so bleibt ein Gedankenbestand, der mancherlei treffende und eindringliche Vorwegnahme derjenigen erkenntnistheoretischen Entwicklungsrichtung enthält, die sich in der modernen Physik so machtvoll entfaltet hat, und die wir soeben als Zurückziehung auf die Aufgabe zusammenfassender, ordnender Beschreibung empirischer Tatsächlichkeiten erläutert haben. Es scheint aber auch lohnend, vom heutigen Blickfeld aus noch einmal auf jene Dreiteilung der geistesgeschichtlichen Entwicklung einzugehen, in welcher Comte die von ihm gekennzeichnete »positive Wissenschaft« als letzte Stufe gesehen hat. Comte hat diese drei Zeitalter bezeichnet als das theologische, das metaphysische oder das positive. Im ersten erklärt man die Naturerscheinungen durch übernatürliche, mythologische Ursachen; im zweiten durch abstrakte Ursachen; im dritten endlich begnügt man sich mit der Feststellung der empirisch ermittelten Tatsachenzusammenhänge.

In dieser Bezeichnungs- und Formulierungsweise scheint die COMTEsche Vorstellung eindeutig auf eine Vertretung der Säkularisation hinauszulaufen; und zudem ist diese Auffassung sicherlich auch in dem Sinne unzulänglich, als die beiden ersten Zeitalter – wenn wir sie jetzt einmal ausschließlich in ihrer Bedeutung für die Naturerkenntnis werten – hier wesentlich als Zeiten des Irrtums erscheinen, ohne in ihrer positiven Leistung gewürdigt zu werden. Trotz dieser Einwände scheint mir die COMTEsche Gliederung auf bedeutungsvolle geistesgeschichtliche Tatsachen hinzuweisen; und eine ähnliche Gliederung drängt sich auch ganz unabhängig von COMTES Vorbild auf.

Es dürfte der Deutlichkeit dienen, etwas andere Bezeichnungen zu benutzen und lieber vom magischen, philosophischen und empirischen Zeitalter zu sprechen. Das erste, das uns Heutigen nur auf dem Umweg wissenschaftlicher Untersuchung zugänglich ist, lebt in Resten fort unter primitiven Völkerschaften. Wir haben ja neuerdings insbesondere durch TH. DANZEL ein Verständnis dafür gewonnen, daß die Welt der Primitiven keineswegs so beschrieben werden kann, daß man vom heutigen Europäer alles das subtrahiert, was der Primitive noch nicht besitzt. Sondern diesem ist eine von der unsrigen weit verschiedene Bewußtseinslage eigentümlich, in deren Zusammenhang dasjenige Sinn und Berechtigung gewinnt, was uns äußeren und oft genug verständnislosen Zuschauern als »abergläubische« Sinnlosigkeit in Kulten, Beschwörungen, Zauberei und sonstigen seltsamen Tätigkeiten des »magischen« Menschen erscheinen mag. Die ins Mythische verschwimmende Frühzeit unserer Geschichte ist von dieser magischen Bewußtseinslage noch durchaus beherrscht und geprägt; ihre Ausstrahlungen reichen weit ins Mittelalter, nicht nur als Hexen- und Zauberglaube, sondern in der Gesamtgestaltung eines Lebens, das für unser eigenes, in ein kühleres Bewußtsein getauchtes Empfinden durch sein unbefangeneres Waltenlassen halb bewußter Gestaltungskräfte eine zugleich dunklere und reichere Lebendigkeit besaß.

Wie sehr die uns nur noch auf Umwegen zugängliche (oder erahnbare) magische Bewußtseinslage notwendig war als einzige Daseins- und Behauptungsmöglichkeit des frühzeitlichen Menschen und als urgeschichtliche Voraussetzung für alle spätere Kultur, hat (über DANZEL noch hinausgehend) A. E. GÜNTHER in seinem Buche »Totem« eindrucksvoll gezeigt. Wenn wir aber die größte und bedeutendste Leistung des magischen Zeitalters – in der Richtung zum geschichtlichen Menschen – bezeichnen wollen, so können wir sie kurz die *Schaffung der Sprache* nennen. Diese Leistung konnte nur aus einer von der unsrigen ganz verschiedenen Bewußtseinslage heraus vollzogen werden – da die unsrige ja die fertige Sprache schon voraussetzt, nur als ihr Ergebnis denkbar ist. Diese Schaffung der Sprache aber bedeutet eine ungeheure Leistung geistiger Auseinandersetzung mit der Welt, mit der Naturwirklichkeit: fast unübersehbare Schätze von Wissen und Erkennen sind in dieser Sprachschöpfung aufgespeichert; die Urerfahrungen des frühen Menschen sind darin eingefangen und damit ausdrückbar und übertragbar geworden. Das Denken selber, das erst mit der und durch die Sprache entstehen konnte, ist in den grammatikalischen Formen der Sprache gleichsam auskristallisiert.

Aber die Entfaltung der hohen Kulturen hat den Menschen nach der im wesentlichen abgeschlossenen Ausbildung der Sprache zu einer neuartigen Bewußtseinsstufe hinaufgeführt. Dieser seltsame Vorgang kann in der griechischen Antike – wie ein bedeutendes Buch von SNELL gezeigt hat – verfolgt werden an seinen sprachlichen Niederschlägen: Obwohl es sich hier nur noch um letzte Ergänzungen und Vollendungen der im wesentlichen längst abgeschlossenen Sprachentwicklung handelt, so kündigt sich doch in diesem vorwiegend schon der künstlerischen Sprachkultur angehörenden Nachentwicklung eine den Menschen verwandelnde Bewußtseinsänderung an: eine Aufhellung des Bewußtseins, der gegenüber die ältere magische Bewußtseinslage wie ein dämmernder Traumzustand erscheinen könnte. Ein neues Denken ist im Entstehen: die Philosophie beginnt.

Wenn wir – in diesem Punkte COMTE zustimmend – das metaphysisch-philosophische Denken als charakteristisch verschieden vom naturwissenschaftlichen betrachten, so können wir geneigt sein, das Zwischenzeitalter der Philosophie zwischen dem »magischen« Zeitalter der Sprachschöpfung und dem empirisch-technischen Zeitalter der positiven Wissenschaften in seiner geistesgeschichtlichen Bedeutung und Notwendigkeit zu unterschätzen. In der Tat ist ja im geschichtlichen Verlauf der Dinge stellenweise der Übergang zur empirischen Forschung sehr rasch und früh vollzogen worden: in Babylonien und Ägypten geht magisches Priesterwissen fast unmittelbar in Anfänge mathematischer und naturwissenschaftlicher Erkenntnis über; und der Hellenismus hat in Alexandrien und in den Leistungen von EUKLID, ERATOSTHENES, ARISTARCH, ARCHIMEDES fast zwei Jahrtausende der wissenschaftlichen Entwicklung mathematisch-naturwissenschaftlicher Richtung vorweggenommen. Trotzdem müssen wir auch dann – und gerade dann –, wenn wir uns entschließen, das philosophische Zeitalter wesentlich als Zwischenglied zwischen zwei Zeiten menschlicher Geschichte zu sehen, eben diesem Zwischenglied eine gleichfalls notwendige Rolle und Bedeutung zuerkennen.

Die Erreichung der höheren, helleren Bewußtseinslage bedingt, daß die ganzen angesammelten Schätze des in der Sprache niedergelegten Denkens einer erneuten Auseinandersetzung, einer erneuten Durcharbeitung bedurften: sie *hinaufzuheben* in das neue, hellere Bewußtsein, ist eine Aufgabe von solcher Dringlichkeit – und so weit ausholendem Umfang –, daß demgegenüber die Gewinnung neuer Erkenntnis aus neuer Erfahrung zunächst einmal warten kann. Es sind in der Anlage der Sprache schon die Antworten enthalten auf alle Fragen, die der Menschengeist sich stellen kann (solange er noch nicht im planmäßigen Suchen und Experimentieren ganz neue Fragen erzeugt). Man muß sich nur besinnen, man muß nur nachdenken, um sich diese Antworten bewußt zu machen.

Es ist deshalb die Leitvorstellung alles philosophischen Denkens, daß man durch reines Nachdenken die Probleme lösen kann. Uns Kindern der beginnenden empirischen Zeit ist diese Vorstellung schon ein wenig unbegreiflich geworden – uns gilt es allmählich schon als selbstverständlich, daß man neue Erfahrungen machen muß, wenn man Neues lernen will. Aber jene andere Vorstellung war *natürlich* und durchaus *berechtigt* in einer Zeit, die zu einer neuen Bewußtseinsform gekommen war, ohne gleichzeitig den Bereich ihres Erlebens und Erfahrens wesentlich zu verändern; was damals gefragt werden konnte, das war schon vom magischen Menschen in seiner dunkleren Bewußtheit gefragt, durchdacht und beantwortet worden – und in den Ausdrucksformen der Sprache niedergelegt.

Als erstmalig über die grammatischen Formen der Sprache (der *eigenen* Sprache) nachgedacht wurde, da bedurfte es keiner empirischen Forschung, um diese Formen zu ermitteln. Die Sprache war ja schon da, bevor man sie zum Gegenstand grammatikalischer Zergliederung machte, und der über sie Nachdenkende brauchte sich nur darauf zu besinnen, brauchte sich nur bewußt zu machen, wie er selber zu sprechen pflegte. Und daß tatsächlich das ganze Denken des philosophischen Zeitalters auf diese Art der Erkenntnisgewinnung – durch Bewußtmachung des von der Sprache Vorgedachten – gestimmt ist, das wird durch den bekannten Umstand unterstrichen, daß fast alle Philosophen es lieben, schwierige Begriffe zu erhellen durch *etymologische* Betrachtungen. Kein Physiker, kein Chemiker dagegen könnte auf den Gedanken kommen, Begriffe wie Kraft, Elektrizität, Entropie, Valenz durch Etymologie zu erläutern: Eine Denkverschiedenheit, die trotz ihrer Unscheinbarkeit anzeigt, daß es sich hier um verschiedene Welten, um verschiedene Zeitalter geistiger Existenz handelt.

In der modernen Entwicklung der Physik hat sich die Verschiedenheit des neuen empirischen Denkens vom traditionell philosophischen vor allem am Begriff der *apriorischen* Erkenntnis geklärt: Der Anspruch philosophischer Lehren, gewisse Wirklichkeitsurteile sehr allgemeiner Art (wie etwa Unendlichkeit von Raum und Zeit, Unzerstörbarkeit der Materie, Lückenlosigkeit der Kausalität, euklidisches Parallelen-Axiom) als unabhängig von aller Erfahrung für richtig und gültig erweisen zu können, mußte der heutigen Auffassung weichen, daß auch über diese Fragen nur auf Grund experimenteller, beobachtender, messender Erfahrung Urteile möglich seien. Die Naturwissenschaft sieht in den früher üblich gewesenen Ansichten zu diesen Fragen nur den Niederschlag älterer *Erfahrungen* – die freilich zum Hauptteil schon der Zeit des magischen Menschen, des Sprachschöpfers, angehören; so konnte das metaphysisch-philosophische Denken, indem es sich um Bewußtmachung und Systematisierung dieses uralten Wissens bemühte, dessen empirische Herkunft verkennen und den Glauben an ein von der Erfahrung unabhängiges (und dem empirischen sogar überlegenes) Wissen von der Welt und ihren letzten Zusammenhängen entwickeln.

Wie sehr dabei die scheinbaren Selbstverständlichkeiten, die sich dem Wege der modernen Physik immer wieder entgegengestellt haben, von der Sprache her bedingt sind, wurde durch eine treffende Bemerkung eines modernen Physikers (M. Born) zu dem seinerzeit so hitzigen Streit um den elektromagnetischen »Äther« beleuchtet. Die Relativitätstheorie hatte diesen Äther aufgegeben; aber eine sehr verbreitete Einwendung erklärte dagegen: »Wenn im Vakuum, wie wir wissen, elektromagnetische Schwingungen stattfinden, dann muß es auch ein *Etwas* geben, *welches* schwingt.« Warum konnte dieser (im Sinne positivistischen physikalischen Denkens völlig leere und nichtige) Einwand damals so Viele beeindrucken? Borns Antwort auf diese Frage lautet: weil es ein auf die Grammatik zurückgehender Einwand ist – zum *Prädikat* »schwingt« gehört ein *Subjekt.* – So hat noch in unserem Jahrhundert die prähistorische Formung unserer Sprache der Durchsetzung des neuen empirisch-wissenschaftlichen Denkens Hindernisse bereitet.

Der Vorgang des Erkenntnisgewinns durch Bewußtmachung älterer Erkenntnisse muß aber einmal zu Ende gehen: man kann wohl Entwicklungen wie die Existenzialphilosophie als Anzeichen dafür werten, daß auch innerhalb heutiger philosophischer Denkarbeit die alten, traditionellen Themen ihren Reiz verloren haben, und daß das weitere philosophische Denken, indem es menschliche Existenz- und Schicksalsfragen zum Gegenstande der Betrachtung macht, in eine Zone hinüberwechselt, wo die Vorgänge der Bewußtmachung uralten Wissens und der Sammlung neuer Erfahrung nicht so deutlich auseinandertreten wie in der Erforschung der äußeren Natur, sondern im Gegenteil ineinander verschwimmen.

Während so die Ablösung des philosophischen Zeitalters durch das empirische von seiten der Philosophie selber eine Bestätigung und Förderung erhält, treten die Felder heutiger geistiger Entwicklung in eine völlig veränderte Beziehung zur religiösen Frage. Man ist heute noch weithin gewohnt, den positivistischen Geist der Naturwissenschaften als radikalen Gegner religiöser Weltbetrachtung anzusehen und die Metaphysik als notwendige Brücke von der rationalen Vernunft zum Gebiet des Glaubens. (Nicht wenige Philosophen haben freilich andererseits Philosophie als dasjenige bewertet, wovon Religion ihrer Ansicht nach nur eine archaische Vorstufe – oder eine für philosophisch Ungeschulte passende Ersatzausgabe sei.) Jedoch gibt gerade der in der positivistischen Haltung der modernen Naturforschung liegende Verzicht auf ein Verstehen der Natur – auf ein letztes, ein metaphysisches Verstehen – vielleicht viel günstigere unmittelbare Verständigungsmöglichkeiten zwischen Naturwissenschaft und religiöser Vorstellungswelt. Dies nicht so sehr in dem gern gepflegten Versuch, eine Harmonisierung von Wissenschaft und Glauben zu begründen auf die Betonung von »Grenzen« der wissenschaftlichen Erkenntnis (die es in keiner faßbaren Weise gibt), sondern vielmehr ausgehend davon, daß der wahre Inhalt religiöser Lehren keineswegs mit metaphysischen Thesen identifizierbar, sondern eher als ein besonderer Erfahrungsbereich zu kennzeichnen wäre – dessen unteren Rand etwa die von der Existentialphilosophie behandelten Tatbestände bilden.

Indem das empirische Zeitalter mit voller Entschiedenheit neue Erkenntnis nur in neuer, erweiterter und vertiefter Berührung mit der Wirklichkeit sucht, ist es im tiefsten Sinne der Frühzeit des magischen Menschen wieder näher gerückt, als es das philosophische Zwischenzeitalter war; obwohl zu den Voraussetzungen dieser neuen Zeit nicht nur die fertig ausgebildete Sprache, sondern auch die im zweiten Zeitalter gewonnene und zur Vollendung gebrachte Bewußtseinshelle gehört, so gewinnt doch der Mensch dieser letzten Zeit noch einmal eine Unbefangenheit – durch Überwindung eben jener zu engen Denkschemata, in die das philosophische Zeitalter ihn gebannt hatte –, die ihn den Urwahrheiten der ältesten Zeit viel unmittelbarer aufgeschlossen macht, als es der Zwischenzeit je erreichbar war. Die Religion, im Geiste der magischen Urzeit wurzelnd, enthält Erkenntnisbestände, zu deren Ausschöpfung die Kräfte des philosophischen Zeitalters nicht ausreichten. Der Mensch des empirischen Zeitalters vermag sich in einer neu gewonnenen Unbefangenheit mit ihnen auseinanderzusetzen.

Kapitel 8

Erkenntnis und Ehrfurcht

I

Für KEPLER bedeutete die Bemühung um Erkenntnis der Gesetze des Planetensystems einen Weg, ihm die Größe und Herrlichkeit des Schöpfers deutlicher sichtbar zu machen. Wir sehen an diesem Beispiel, daß Forschung als eine Form des Gottesdienstes aufgefaßt und vollzogen werden kann: als demütige Aufnahme der Geheimnisse, die in der Schöpfung enthalten sind – in gleichsam verhüllter Schrift, die zu lesen nur der ernsten Bemühung, nur dem hingebend Strebenden möglich werden kann.

Diese Neigung, sich im Verfolgen der Naturgeheimnisse auf den Spuren Gottes zu fühlen, war auch bei manchen späteren großen Forschern ausgeprägt. Das zu unserem Jahrhundert gehörende Beispiel EINSTEINS hat Anspruch auf eingehendere Betrachtung. Er hat sich in einem Gespräch * mit HARRY GRAF KESSLER sehr entschieden hierüber geäußert, in dem Sinne, man bekomme um so mehr Respekt vor Gott, je tiefer man in die Natur eindringe.

Zum richtigen Verständnis dieser Äußerung sind einige erläuternde Worte nötig. EINSTEIN hat oft in Gesprächen oder Briefen vom *lieben Gott* gesprochen, und nichts wäre falscher, als die Meinung, daß diese Vokabel seinerseits nicht ernst gemeint sei. EINSTEIN ist in seiner ganz persönlichen, mit SPINOZAS Denken nahe verwandten Weise ein tief religiöser Mensch gewesen. Zwar war seine Religiosität weit entfernt von Ähnlichkeit mit dem christlichen Glauben; ebenso war er (auch hierin SPINOZA gleichend) getrennt vom Glauben jüdischer Orthodoxie – und zwar durch freiwilligen, in seiner Jugend gefaßten Beschluß (nach einer vorangegangenen Zeit besonders ernster gläubiger Anhängerschaft). SPINOZA hingegen wurde 1656 wegen religiöser Irrlehren von der jüdischen Gemeinde mit dem Bannfluch belegt.

Für uns Heutige steht SPINOZA wohl in der Regel am Rande des Bewußtseins. Aber LEIBNIZ hat sich schon 1710 mit seiner Philo-

* Ausführliches über EINSTEINS Religiosität und ihren Zusammenhang mit seinem wissenschaftlichen Denken findet sich bei P. Jordan, Albert Einstein. Stuttgart 1969.

sophie ausführlich auseinandergesetzt; LESSING hat sich im Spätabschnitt seiner Entwicklung stark von ihm beeinflussen lassen. F. H. JACOBI hat weithin beachtete »Briefe über die Lehre SPINOZAS« veröffentlicht (1785). FICHTE, HERDER, SCHLEIERMACHER, SCHELLING haben wesentliche Anregungen von ihm übernommen. Der junge GOETHE »fand in ihm sich selber«.

Ob EINSTEIN von SPINOZAS Schriften wesentlich beeinflußt war, entzieht sich meiner Kenntnis. Glaubhafter ist mir die Vermutung, daß EINSTEIN in der Hauptsache aus eigenem Nachdenken zu seiner mit SPINOZA eng zusammenklingenden Religiosität gekommen ist, in welcher das *Naturgesetz* selber das (unpersönliche) Göttliche war. Die *Tragik* in EINSTEINS Verhältnis zur modernen Entwicklung der Quantenphysik ist mit dieser seiner persönlichen Religiosität eng verknüpft: Obwohl EINSTEIN seit 1905 bahnbrechende Beiträge zur Quantentheorie geleistet hatte – an Bedeutung kaum zurück stehend gegenüber der Entdeckung MAX PLANCKS, und nach dem heutigen Urteil mancher hervorragender Sachverständiger die Bedeutung der Relativitätstheorie vielleicht noch überragend –, wurde ihm doch die großartige im weiteren Verlauf unseres Jahrhunderts vollbrachte Aufklärung der Quantengesetze zu einer tiefen Enttäuschung – sie führte ja zur Feststellung einer nur statistischen, nicht mehr kausal geschlossenen Grundgesetzlichkeit der »Mikrophysik«; und damit hat sich EINSTEIN niemals abfinden können. Sie hätte für seinen Glauben »DEUS SIVE NATURA«, die Feststellung einer *Unvollkommenheit Gottes selber* bedeutet*. Der Briefwechsel EINSTEINS mit dem Ehepaar BORN läßt lebendig ersehen, wie leidenschaftlich er sich gegen *dieses* Ergebnis der Quantenmechanik sträubte. Er hat das Werben MAX BORNS um die Anerkennung statistischer Naturgesetzlichkeit mit unermüdlicher Ablehnung beantwortet, die sich in einem seiner Briefe geradezu zu einer unverkennbaren Schroffheit gegenüber seinem Lebensfreunde BORN gesteigert hat**.

---

* Auch diese Sätze sind eine Kurzwiedergabe der in meinem oben erwähnten EINSTEIN-Buch vorgetragenen Analyse.

** Einstein, A., und M. Born: Briefwechsel 1916–1955. München 1969.

Unter weiteren Beispielen dafür, daß auch in *unserer* Zeit das Ringen um Erkenntnis der Naturgesetze von Großen der Forschung noch immer in naher Beziehung zum Religiösen gesehen worden ist, will ich noch einmal meinen Freund WOLFGANG PAULI erwähnen. Wir hatten gemeinsam eine Abhandlung veröffentlicht, in der die »Quantelung« des elektromagnetischen Feldes (die ich vorher als entscheidend für das Verständnis der Lichtquanten nachgewiesen hatte) in eine mit der Relativitätstheorie zusammenpassende Form gebracht wurde. Sie wurde zur Unterlage anschließender Untersuchungen HEISENBERGS und PAULIS zum Thema einer vollständigen »Quantenelektrodynamik«, die zunächst sehr hoffnungerweckend aussahen. Später schrieb mir PAULI, daß sich doch noch Schwierigkeiten eingestellt hätten, deren Überwindung vorläufig nicht zu finden sei. (Sie sind erst in der nachfolgenden Entwicklung einiger Jahrzehnte weitgehend, aber doch nur *teilweise* aufgeklärt worden.) Er tröstete sich über diesen Mißerfolg mit dem Gedanken, daß hier wohl noch tiefere, erstaunlichere Erkenntnisse erforderlich sein dürften, als die bislang von uns erprobten, noch nicht ausreichenden, und drückte dies aus in den Worten (Zitat aus dem Gedächtnis): »Es scheint mir ein *geradezu religiöser Gedanke*, daß man der Natur nicht mit Roßtäuscher-Methoden beikommen kann.«

Als Miterlebender der letzten Jahre *vor* der Begründung der »Quantenmechanik« (BORN – DIRAC – HEISENBERG – JORDAN) aus der von HEISENBERG skizzierten grundsätzlichen Präzisierung des BOHRschen »Korrespondenzprinzips«* habe ich die Versuche zahlreicher damaliger Verfasser beobachten können, die das große Rätsel der Quanten grundsätzlich lösen wollten. Im Nachdenken darüber, warum und wodurch HEISENBERG in *seinem* Ansatz alle diese mißlungenen Versuche hinter sich zu lassen vermochte, ist mir damals die Erklärung deutlich und überzeugend gewor-

---

* Vergl. den Absatz »Vom Korrespondenzprinzip zur Quantenmechanik« in meinem Buche »Der Naturwissenschaftler vor der religiösen Frage«; 5. Auflage Oldenburg 1969.

den, daß Heisenberg mit einer allen anderen Mitstrebenden ferngebliebenen *Ehrfurcht* nach der Lösung des Rätsels suchte – mit einer von allen anderen unerreichten Unbefangenheit, die die damals schon sichtbar gewordenen Tatsachen auf sich wirken ließ, seine Aufgabe nicht im künstlichen Erfinden eines menschlich erdachten, mit der Willkür und Krampfhaftigkeit menschlichen Wollens belasteten Gedankens sehend, sondern in der aufgeschlossenen Hingabe an eine beglückend wunderbare Wirklichkeit.

Damit ist natürlich nicht gemeint, daß Ehrfurcht – der ich auch im Beispiel Heisenberg einen religiösen Wesenszug zuschreiben möchte – nun eine Garantie oder gar Methode für große Erkenntnisse wäre. Das tragische Beispiel Einstein zeigte uns ja, daß eine dogmatisch zu eng festgelegte Religiosität geradezu zur Quelle einer Verkennung der Wahrheit werden kann. Ebenso, wie nach christlicher Auffassung der Glaube selber ein Geschenk der Gnade ist, gehört auch die geniale Erkenntnisfähigkeit zu den Geschenken der Gnade, und sie kann durch *gewollte* Frömmigkeit nicht herbeigezwungen werden. Wohl aber darf und muß gesagt werden, daß eine *ehrfurchtslose* Erkenntnis Gefahren enthält, die sich nicht darauf beschränken, als Begünstigung der Glaubenslosigkeit zu wirken.

II

Die geistesgeschichtliche Entwicklung zur *Säkularisierung* hat auch die Neigung zu *ehrfürchtiger Erkenntnis* weithin ersetzt durch die Neigung, Erkenntnis-Streben statt dessen zu verbinden mit gegenteiligen Empfindungen. Beispiel dafür ist nicht nur der geistesgeschichtlich so bedeutungsvoll gewordene Versuch, den »Tod Gottes« nicht nur zu verkünden, sondern *herbeiführen* zu wollen durch die Benutzung naturwissenschaftlicher (sowie auch philologisch-historischer) Erkenntnisse, die die sachliche Richtigkeit materialistischer naturwissenschaftlicher Theorien beweisen sollten – im Sinne Lamettries, der zu beweisen strebte, daß der Mensch eine Maschine sei; oder im Sinne Haeckels, der die Entbehrlichkeit eines Schöpfers für das Zustandekommen der organischen Lebewelt zu beweisen wünschte; oder wie BULTMANN, der den Nachweis versuchte, daß die Bibel entstehen konnte ohne ein den Horizont HAECKELSCHEN Denkens überschreitendes Wunder. Es ist durchaus ein Irrtum, wenn manche Hochgebildete glauben, daß HAECKEL heute längst »erledigt« und infolgedessen keine diesbezügliche Kritik mehr vonnöten sei: Im Gegenteil ist der *Name* »HAECKEL« gerade deshalb von heutigen Halb- und Viertelgebildeten weitgehend schon wieder vergessen, weil dieser Name keine *Sensation* mehr erregen kann, nachdem die von ihm vertretenen Gedanken für viele Millionen zur geradezu selbstverständlichen und unerschütterlichen Grundlage ihrer »Weltanschauung« geworden sind – insbesondere auch für BULTMANN.

Ideologische Zukunftshoffnungen – ohne die ja der irreligiöse Mensch nicht zu leben vermag – haben sich in der Neuzeit besonders gern an den technischen Fortschritt geklammert, *von ihm* die *Selbsterlösung* erhoffend, deren seit dem vorigen Jahrhundert angekündigtes angebliches Zustandekommen durch die Diktatur des Proletariats (und Liquidierung aller anderen Menschen) mit den seitdem gemachten Experimenten eine für viele Beurteiler endlich doch ausreichende Widerlegung erfahren hat. Es entspricht diesem Gedankenzuge, etwa aus der *Kybernetik* die Überzeugung abzuleiten, daß die Menschheit demnächst selber die »Programmierung« ihrer Zukunft in die Hand nehmen wird, auf diese Weise endlich das katastrophenfreie »Funktionieren« des Lebens und des Wohlstandsgenusses der Gesamtmenschheit garantierend.

Wir haben in Kapitel 1 die Behauptung begründet, daß alle heute so gern vertretenen Vorstellungen von der unvermeidbaren Hungerkatastrophe, die sich aus der angeblichen »Bevölkerungsexplosion« ergeben müsse, in nichts zerrinnen, sobald man sich die weiteren Folgerungen der heute schon *in Gang gekommenen* zukunftweisenden technischen Entwicklungen vor Augen hält. Wir hatten dabei einige wesentliche Züge künftigen Geschehens durch *»Extrapolation«* der *realen* Vorgänge von heute zu erkennen versucht. Es war aber wesentlich für die in Kapitel 1 benutzte Methode *begrenzter* Zukunftserkennung, diese Extrapolationen in den Grenzen des Realistischen zu halten (trotz klarer Betonung des hierbei zwingend zutage tretenden *phantastischen* Aussehens mancher Folgerungen). Natürlich kann man in »futurologischen« Erwägungen statt dessen auch durch *unsinnige* Extrapolationen schlechthin *alles* ableiten – sofern man sich vor gröbster Außerkraftsetzung des gesunden Menschenverstandes nicht scheut.

Es liegt in der stimmungsmäßigen Einstellung der säkular-ideologischen Zukunftsbesessenheit, um jeden Preis (jedenfalls mit restloser Preisgabe rationalen Denkens) glauben zu wollen und glauben machen zu wollen, daß dem technischen Machen-Können des Menschen späterer Generationen *überhaupt keine* Grenzen mehr gezogen bleiben werden: Dem auf diese Besessenheit Eingestellten ist die endgültige *Verneinung* menschlicher Reisen zu anderen Milchstraßen (mindestens bis zum Andromeda-Nebel) eine Unerträglichkeit. Ebenso aber auch jede andere Form unüberwindbarer Grenzziehung für das dem künftigen Menschen Mögliche. Es gibt in Europa schon jetzt kaum noch Nachfolger jener früheren Abenteurer, die, wenn sie durch allzu tolle Jugendstreiche für ihre Familie untragbar geworden waren, nach Übersee geschickt wurden – wo aus einer freilich rauhen, oft grausamen Selektion in manchen Fällen hervorragend Erfolgreiche hervorgingen. Man verliert sich in allzu unglaubhafte Träume der science fiction, wenn man, um an die Ermöglichung künftiger Reisen wenigstens zu anderen Planetensystemen unserer *eigenen* Milchstraße glauben zu können, mit dem späteren Vorhandensein von Menschen (und zwar tatkräftigen Technikern) rechnet, die sich danach sehnen, eingefroren in den Weltraum hinausgeschossen zu werden, um mit einer Wahrscheinlichkeit von eins zu einer Million nach 10 000 Jahren rechtzeitig wiedererweckt zu werden, und dann einem fremden Planetensystem eine Besichtigung widmen zu können.

Viele glauben heute – in unübertreffbar irregehender Extrapolation – daß die Abschaffung menschlicher Arbeitsleistung bis zum hundertprozentigen Erfolg kommen könnte. Fortschreitende Arbeitsentlastung ist heute tatsächlich in bestimmten Sektoren der modernen Welt gegeben, und es wurde schon in Kapitel 1 die Tatsache berührt, daß in Richtung Automatisierung auf Grund des vorhandenen Gedankenguts an Konstruktionsmöglichkeiten und Methoden sogar noch mehr getan werden könnte, als heute getan wird – weil schwierige sozialpolitische Probleme die Fortentwicklung bremsen. Jedoch darf nicht übersehen werden, daß die Weiterentwicklung der Automatisierung, obwohl sie in steigendem Maße zur tatsächlichen Verwirklichung menschenleerer Fabriken drängt, doch keineswegs einen Menschheitszustand zu approximieren vermag, in dem es *nur* noch menschenleere Fabriken geben werde. Obwohl das ideologische Denken seinem Wesen entsprechend gern mit der Vorstellung eines endgültigen Stillstands der Menschheitsgeschichte spielt, wird doch die bloße *Aufrechterhaltung* der erreichten technisch-wissenschaftlichen Entwicklungshöhe nie ohne Streben nach weiterem Fortschritt möglich werden. Auch wird die gedachte und gewünschte Vervollkommnung der Vollautomatisierung ihrerseits die Aufstellung und Ingangsetzung immer besserer, immer leistungsfähigerer Computer-Anlagen erfordern. Dazu ist einerseits das Vorhandensein derjenigen Menschen erforderlich, die diese nochmals verbesserten Computer oder Roboter erfinden und verwirklichen; und zur Aufrechterhaltung dieser Schicht von Menschen gehört das Fortbestehen von Schulen für die Allgemeinheit und von Sonderanstalten für die Ausbildung von Wissenschaftlern, Technikern, Ärzten und so weiter, die den gewünschten Aufbau der hundertprozentigen Automatisierung leisten sollen. Der erträumte Übergang von einer *teilweise* automatisierten Welt zur *völlig* automatisierten Welt erfordert noch immer die Bewältigung eines *Restes* von Arbeitsleistung – sowohl Kopfarbeit als auch Handarbeit – die die letzte Lücke der Automatisierung zu schließen hat: Auch die bestprogrammierte Zukunft wird nicht die Tatsache beseitigen, daß diese Lücken-Schließung nicht gelingen kann, weil der Rest (zu welchen auch alle durch unvorhergesehene Pannen notwendig gemachten Reparaturen gehören) nicht geschafft werden kann, ohne daß *nicht-automatisiertes* Schaffen entscheidend mitwirkt.

Hoffnungen, beispielsweise Lehrer der Schulen oder Universitäten *dadurch* entbehrlich zu machen, daß man Lernprozesse ebenfalls durch Computer leiten läßt, erfordert eben zunächst einmal die grundsätzliche Konstruktion dieser Computer, und sodann ihre Herstellung in ausreichenden Anzahlen. Es ist eine kaum zu vermeidende Folgerung, daß das Maß der zur Fortsetzung dieser Entwicklung benötigten *hochqualifizierten* menschlichen Arbeit auch in Zukunft immer noch *wachsen* statt abnehmen wird.

Auf den Hinweis, daß wir auch künftig weder Herzoperationen noch Zahnarzt-Arbeit durch Computer werden ausführen lassen können, erhielt ich einmal die Antwort, es würden immer ausreichende Zahlen solcher Menschen übrig bleiben, die *derartige* Arbeit *aus Freude an der Sache* (also zur Vermeidung von Langerweile) ausführen würden – auch bei vollständigem Fortfall jedes Arbeitszwanges. Aber ich bin froh, alt genug zu sein, um *diese* Zukunft nicht mehr erleben zu müssen.

Die von MARCUSE entwickelte Ideologie, die den Marxismus und Kommunismus durch Fortgeschritteneres ersetzen möchte, indem sie die Beseitigung jedes Arbeitszwanges als Ziel verkündet, erreicht jedenfalls in solchem Maße die erstrebte Radikalität, daß ihr gegenüber die Verschiedenheiten von »West« und »Ost« von nur noch sekundärer Bedeutung sind: An dieser jetzt zunehmend erstarkenden neuartigen Zielsetzung beginnen wir die *Gemeinsamkeit* zu empfinden, die zwischen West und Ost besteht, nämlich die volle Anerkennung des Prinzips der *Leistungsgesellschaft,* die den Menschen nach dem Maßstab seiner Arbeitserfolge bewertet. Die in Ansätzen versuchte *direkte* Verwirklichung der von Arbeitspflicht befreiten Gesellschaft zeigt bereits, daß unter anderem auch der Verzicht auf Hygiene zu dieser Verwirklichung gehört. (Es gab ja aber schon in früheren

Jahrhunderten einen Heiligen – sein Name will mir nicht einfallen – der es als notwendigen Teil seiner Leidensbereitschaft betrachtete, sich auch gegen sein Ungeziefer nicht zu wehren).

Der Gedanke restloser Befreiung des Menschen von Arbeit findet – dies gehört zu den Paradoxien einer kranken Gegenwart – Zustimmungsgeneigtheit gerade auch unter solchen Menschen, die selber heute zu den Kreisen aktiver und prominentester Träger der Leistungsgesellschaft gehören, etwa als technische Leiter innerhalb moderner, in Richtung Flugtechnik und Raumfahrt *führender Großbetriebe*. Als Gedankenbrücke wirkt dabei die Hoffnung auf stärkste Weiterführung der das Computer-Thema betreffenden Entwicklungen. So ist der Gedanke erwogen worden, daß wir auch zur Schaffung »schöpferischer« Computer kommen könnten, die sich *selbständig machen*, und uns Menschen (beziehungsweise unseren hinreichend degenerierten Nachkommen) das Ruder aus der Hand nehmen. Ich glaube, daß starke Gründe vorhanden sind, *diesen* Gedanken als unrealistisch anzusehen; aber ich unterlasse augenblicklich eine ausführlichere Begründung (die wieder auf die STANDIGERSCHE Erkenntnis Bezug zu nehmen hätte) und ziehe es vor, *referierend* fortzufahren. Die zitierte Erwägung ging weiter dahin, daß diese zur Oberherrschaft über die Menschen gelangten Roboter vielleicht diesen – als ihren »Haustieren« – eine durchaus *angenehme* Verhätschelung widmen würden.

Unabhängig davon, ob wir diesen Gedankengang trotz der schon angedeuteten Bedenken als erwägbar ansehen wollen oder nicht, regt er eine weitere ernste Frage an: Würden schöpferische, selbständige Roboter Wesen sein, die dem Menschen nicht nur technisch und intelligenzmäßig, sondern auch *ethisch* überlegen wären? Sollten sie *nur menschliche* ethische Höhe haben, so wäre die »Haustier«-Existenz unserer menschlichen Nachkommen wohl doch nicht restlos paradiesisch. Denn wie *Menschen* sich gegenüber verhätschelten Tierlieblingen verhalten können, zeigte sich kürzlich, als ein sehr warmer Sommer die Bewohner vieler Großstädte in gesteigerter Zahl in den Sommeraufenthalt trieb. Viele Hundebesitzer schickten damals ihre Hunde, die sie jetzt als Ferienhindernis empfanden, herrenlos auf die Straße. Eine (immerhin mit einigen Luftlöchern versehene) Pappschachtel enthielt einen kleinen Pekinesen, der bei normaler Behandlung dieser zum Abfall gewordenen Schachtel im Müllverbrennungsofen den Endabschnitt seiner Verhätschelung erlebt hätte.

III

Ein anderes Beispiel in die Irre gehender »futurologischer« Folgerungen (und zwar sensationeller Folgerungen) durch überspannte Extrapolationen aus an sich richtig gesehenen wissenschaftlichen Gegenwartsentwicklungen ist von Vertretern der modernen *Genetik* geliefert worden. Die in diesem Zusammenhang entstandenen Schlagwörter, wie »Manipulation des menschlichen Keimplasmas« oder auch »Ersatz des Menschen durch Besseres« haben in so hohem Maße realistisches Urteil durch Illusionen von unüberbietbarer Unsinnigkeit verdrängt, daß hier auch ein neuer Ausgangspunkt schwerer weltanschaulicher Verwirrung entstanden ist – hinsichtlich der Ausmaße der dabei verbreiteten Irrtümer nicht geringer einzuschätzen, als etwa die Erneuerung veralteter LAMETTRIEscher Vorstellungen aus der heute so gern vorgetragenen Fehldeutung der Kybernetik heraus. Auch in diesem Beispiel erweist sich die *ehrfurchtslose* Betreibung moderner Forschung als eine der zentralen Gefahren unseres Jahrhunderts – die in nichts zurücksteht gegenüber der Natur- und Umweltsvergiftung in Wasser, Luft und Boden.

Die Genetik ist seit ihrem eigentlichen Beginn, also der 1900 erfolgten Wiederentdeckung der MENDELSCHEN GESETZE, in stürmischem Entwicklungstempo zu einem der großen Wunderkapitel moderner Naturwissenschaft herangewachsen – hierin vergleichbar mit der Atom- und Quantenphysik, mit der Relativitätsphysik sehr schneller Teilchen, mit dem märchenhaften Aufschwung von Kernphysik, Kosmologie und Galaxienforschung, Raumfahrt und beginnender unmittelbarer Mond- und Planetenforschung, Neutronenphysik, Radioastronomie und Astrophysik, Kybernetik, Elementarteilchenphysik, Archäologie und sonstigen Superleistungen der Forschung unseres Jahrhunderts. Mit Recht hat man die Aufstellung des CRICK-WATSONschen Modells des Gen-Moleküls (wie weit liegt jene Zeit zurück, in der mir meine These, jedes »Gen« sei ein einziges Molekül, ähnlich wütende kritische Angriffe eintrug, wie später meine Ideen zum Thema »Erdexpansion«!) verglichen mit der Aufstellung des RUTHERFORD-BOHRschen Wasserstoffatommodells als Grundpfeiler der seit 1913 entstandenen Quantentheorie der Atome. Das genaue räumliche Zusammenpassen der TA- und der CG-Paare in der Doppelspirale dieses Modells – eine unentbehrliche Voraussetzung für sein Funktionieren im Vorgang der Gen-Verdoppelung – ist übrigens ein Grund, daran zu *zweifeln*, daß die Chemie noch eine große Auswahl weiterer Möglichkeiten der Konstruktion vermehrungsfähiger Doppelspiralen bietet, und daß die in »exobiologischen« Spekulationen so gern gebrauchte Redensart, für organisches Leben auf anderen, fernen Himmelskörpern könnten auch »ganz andere chemische Grundlagen« in Frage kommen, zutreffend ist.

FREKSA hatte einmal das Vermehrungsproblem der Kernschleifen, der Chromosomen, lange vor CRICK-WATSONS erfolgreicher Modellkonstruktion in ungefähr folgender Weise ausgedrückt: Am Beispiel der Photographie sehen wir, daß zu einer Massenerzeugung gleicher Gebilde stets das Wechselspiel zwischen »Positiv« und »Negativ«, oder reproduziertem Ergebnis und dazu benutzter »Form« (= Negativ, Drucksatz, Matrix) nötig ist. Wenn nun die Gene Ergebnisse eines Reproduktionsvorganges sind, wo sind dann die zugehörigen »Negative«, deren Existenz man ebenfalls erwarten sollte? Auch CRICK-WATSON haben zeitweise die irrige Meinung festgehalten, daß jedes Gen zur *unmittelbaren* »identischen Reduplikation« befähigt sei, wie damals Viele glaubten, übrigens auch der Verfasser, der im Kreise TIMOFÉEFF-RESSOVSKYS und K. G. ZIMMERS viele diesbezügliche Diskussionen mitgemacht hat. Ich habe deshalb auch an die Berechtigung der Frage Freksas damals nicht geglaubt. Zuletzt kamen jedoch Crick-Watson zu einer unerwarteten genialen Antwort auf Freksas Frage: Das Gen enthält in Form seiner beiden zusammenpassenden Spiralen »Positiv« und »Negativ« *zusammen* in sich – nach Trennung der beiden Hälften baut *jede* dieser Hälften neben sich die *andere* neu auf.

Die Genetiker haben einerseits die Richtigkeit dieses Gen-Modells abschließend bewiesen, andererseits eine riesige Fülle weitergehender Erkenntnisse darauf aufgebaut, deren Fortentwicklung kaum eine Erschöpfung der Fruchtbarkeit dieser Aufklärung der Gen-Struktur voraussehen läßt. Nur für engere Freunde der Genetik sei angemerkt, daß uns diese großen Fortschritte dennoch in einer bestimmten Richtung noch im Dunkeln lassen. Es ist eine empirische Tatsache, daß es eine *spezifische* physikalische *Anziehung* zwischen *gleichen* Gen-Molekülen gibt – man sieht sie empirisch aus der »Konjugation« der Chromosomenpaare bei den Riesenchromosomen der Speicheldrüsenzellen von Drosophila. Der Verfasser hat früher einmal geglaubt – aber das war unrichtig –, daß diese spezifische Anziehung die Grundlage der Chromosomen-Verdoppelung im Zellteilungsvorgang sei. Da *dieser* Punkt auf Grund der Crick-Watsonschen Ergebnisse ganz anders erklärt werden muß, so kann es sich bei der spezifischen Anziehung zwischen gleichen (oder fast gleichen) Genen nur um eine erheblich schwächere Kraft handeln; aber jedenfalls ist auch sie empirisch vorhanden, muß also auch irgendwie molekularphysikalisch erklärbar sein. Der starke Eindruck, den die Entdeckung Crick-Watsons berechtigterweise gemacht hat, begünstigte es wohl, daß das Problem der spezifischen Anziehung gleicher Gene vorläufig etwas in den Hintergrund getreten und tatsächlich bis heute ungelöst geblieben ist. –

»Manipulation des menschlichen Keimplasmas« ist die Hoffnung, daß man künstlich die in einer Keimzelle vorhandenen Gene einzeln *verändern* könnte, und kühne Hoffnungen dieser Art malen sich aus, daß man eine neue Menschheit schaffen könnte durch zielgerichtete Veränderung (und das heißt Verbesse-

rung) einer merklichen Anzahl menschlicher Erbanlagen. Dabei ist das Wort »Manipulation« hochgradig irreführend. Es erzeugt beim Fernerstehenden die Vorstellung, daß man ganze Chromosomen – also Ketten von Tausenden verschiedener Gene, deren jedes einzelne gewissermaßen ein ganzes und von allen anderen *verschiedenes* Buch voll »Information«, voll Anweisungen für das Zustandebringen eines neuen Individuums (zum Beispiel Menschen) ist –, daß man diese ganze in Gestalt eines Chromosoms vorliegende Bibliothek in ihre einzelnen Bücher aufteilen und dann jedes einzelne Buch in die Hand oder in eine Mikropinzette nehmen und auf Fehler beziehungsweise Verbesserungsmöglichkeiten durchprüfen könnte – mit dem Ziel, bestimmte Korrekturen an verschiedenen Buchseiten vorzunehmen, beschädigte Bücher zu reparieren und schließlich das Ganze dieser Bücher wieder zu einer nunmehr viel schöneren Bibliothek zusammenzusetzen. Diese naive Vorstellung hat natürlich keinerlei Ähnlichkeit mit der Wirklichkeit.

Schon der Gedanke, daß man die ganze Bibliothek »Chromosom« in ihre einzelnen Bücher auseinandernehmen könnte, ist nicht nur von den *heute* bestehenden realen Möglichkeiten ganz weit entfernt, sondern auch als eine *anstrebbare Zielsetzung* ungeeignet und wirklichkeitsfremd. Der neueste Stand diesbezüglicher Experimente (mit Recht als bewunderungswürdiger Erfolg gewertet), ist der, daß man für eine gewisse Bakterienart *ein* bestimmtes in ihrer Erbmasse enthaltenes Gen kennt, welches man unter Zuhilfenahme bestimmter Viren aus seiner Verknüpfung mit den anderen Genen herauslösen kann – dabei diejenige Substanz, deren Molekül eben das fragliche Gen ist, in chemischer Reinheit präparierend: Alle übrigen Gene des Bakteriums werden bei diesem Vorgang zerstört. Dabei ist zu vermuten, daß die herauspräparierten Gene gewisse (sogar *zahlreiche*) Veränderungen erlitten haben bei dieser im molekularen Maßstab gesehen recht unfreundlichen Behandlung – und zwar wahrscheinlich in individuell sehr verschiedener Weise, so daß noch Jahre oder Jahrzehnte weiterer mühseliger Untersuchung nötig bleiben werden, um einigermaßen zu klären, wie weit das so isolierte Genmolekül noch Ähnlichkeit behalten hat mit seinem ursprünglichen Zustand *vor* der Bearbeitung. Es handelt sich dabei sicherlich keineswegs um eine grundlegende Umgestaltung, die alle ursprünglichen Eigenschaften weitgehend verwischt. Aber gerade die *Feinheit* der (bestimmt eingetretenen) Veränderungen macht es so schwer, sie genauer zu erkennen. Noch erheblicher sind natürlich die zu erwartenden Veränderungen bei der brutaleren Methode der »Chromosomen-Chirurgie«, die die Chromosomen mit Nadelspitzen auseinanderreißt.

Mit dem Bisherigen ist nun noch gar nichts darüber gesagt, ob und *wann* man auch *andere* Gene der fraglichen Bakterienart in ähnlicher Weise wird isolieren können. Erst recht ist nicht darauf eingegangen, wie man Tausende solcher Einzelgene – wenn man die ganze Sammlung fertig zustandegebracht hätte – dann wieder zu einer neuen Kette vereinigen könnte (in der richtigen Reihenfolge übrigens; denn auch diese ist nach unserem genetischen Wissen nicht bedeutungslos).

Vor allem aber sind wir auf die Hauptsache noch nicht eingegangen: *Wenn* es wirklich möglich wäre, in solcher Weise die einzelnen Gene zum Gegenstand unserer verändernden Bearbeitung zu machen, wie wäre diese Bearbeitung auszuführen? Es handelt sich darum, daß wir das Gen zu einer »Mutation« veranlassen wollen, also zu einem *Quantensprung*. Wir haben dafür grundsätzlich keine kausal einwirkenden Instrumente – und solche können auch auch in Zukunft niemals erfunden werden, da die statistische Indeterminiertheit mikrophysikalischer Vorgänge (eben Quantensprünge) unabänderliche Grundgesetzlichkeit der Natur ist. Wir können uns also nicht vornehmen, eine ganz bestimmte Mutation erzwingen zu wollen. (Um die unabsehbare Kompliziertheit der gedachten Aufgabestellung wenigstens *etwas* übersehbar zu machen, wollen wir für den Augenblick zunächst annehmen, wir hätten für die gewünschte Mutation eine *erschöpfende* Kenntnis ihrer Auswirkungen am »Phänotyp« des später entstehenden Organismus – sei er Bakterium oder Mensch;

und wir *wären uns darüber einig*, welche phänotypischen Veränderungen wir als *erwünscht* und welche wir als *unerwünscht* ansehen wollten. Dann könnten wir die somit zur Zielsetzung gemachte Mutation des von uns bearbeiteten Gens nur dadurch erzielen, daß wir eine bestimmte Form experimenteller Einwirkung an einem großen Kollektiv solcher Gene durchführen würden, um unter den mutierten Genen *auszusuchen*, ob eines darunter ist, das die gemeinte Mutation ausgeführt hat.

Diese auf Andeutungen beschränkte, verkürzte, geraffte und vereinfachte Darstellung kann uns wenigstens ganz aus der Ferne sichtbar werden lassen, *wie* irreführend das Schlagwort von der »Manipulation« der Erbmasse ist. Statt das Gesagte weiter auszuführen (wobei für eine an realistische Möglichkeiten näher heran kommende Erläuterung mehrbändige Bücher erforderlich wären), wollen wir diejenigen denkbaren Methoden solcher Manipulation einmal ganz außer Betracht lassen, die an die Voraussetzung einer weitgetriebenen Isolierung von Genen gebunden sind – womit wir uns den »konservativeren« Vorstellungen MULLERS nähern, die noch zu besprechen sind.

Als primitiveres Verfahren der Erbmassen-Manipulation bleibt dann dieses: Man nehme eine große Zahl von Keimzellen und übe auf sie mutationserregende Einwirkungen aus – es mag sich um Röntgenstrahlung, Ultraviolett, Neutronenstrahlung oder Sonstiges handeln, zum Beispiel Temperaturveränderungen oder Ultraschall. Auch können anstelle von Strahlung Chemikalien angewendet werden, die als mutationserregend bekannt sind und die nicht etwa eine hundertprozentige Tötung des Zellkollektivs ergeben. Nachdem in genügender Variationsbreite solche Versuche durchgeführt sind, *sehen wir nach*, ob unter den so behandelten Zellen eine zu finden ist, die unseren Wünschen entspricht. Dabei wollen wir ganz davon absehen, daß es eine sehr schwierige Frage bleibt, von einem einzelnen Zell-Individuum zu *entscheiden*, ob es dem erstrebten Fall entspricht oder nicht – *grundsätzlich* würde man das für die Mehrzahl der Fälle nur dadurch entscheiden können, daß man Schlüsse zieht aus der Vereinigung der zu untersuchenden Zelle mit einer anderen Keimzelle (deren *genaue* genetische Struktur freilich eine neue Unbekannte, oder genauer: eine riesige *Fülle* neuer Unbekannter in unser Verfahren einführt). Den entstehenden Fötus wenigstens einige Monate lang »aufziehend«, können wir an ihm in gewissem Umfang erkennen, *welche* Mutationen in dem mutationserregend behandelten Zellindividuum vorlagen.

Wie viele Zellen wird man so behandeln müssen, um eine wahrnehmbare Wahrscheinlichkeit für die Erreichung des gestreckten Zieles zu bekommen?

Der Leser, der ja die boshafte *Gezieltheit* dieser Frage schon gemerkt hat, wird vielleicht zu dem Urteil neigen, daß wir doch eine *zu* primitive experimentelle Methode gewählt und dadurch die Erfolgsaussichten gewaltig verkleinert haben. Die Berechtigung dieses Einwands ist mir aber ungewiß. Die obigen skizzenhaften Andeutungen ließen uns ja erkennen, daß alle Bemühungen, durch Gen-Isolierung und sonstige fortgeschrittene technische Kunstgriffe unseren Vorstoß in Zielrichtung wesentlich zu erleichtern, zur Inkaufnahme *gewaltiger* anderer Komplizierungen unserer Aufgabestellung nötigten. Natürlich bleibt die Antwort auf obige Frage in hohem Grade davon abhängig, *wie viele* mutative Veränderungen im Keimplasma des Menschen wir herbeimanipulieren möchten. Aber wenn *irgend etwas* erstrebt werden soll, was als *erhebliche* Änderung des Menschen – gegenüber seinen heute real vorhandenen Mutanten – bezeichnet werden könnte, so wird man nicht der Folgerung entgehen können, daß die *Anzahl* der experimentellen Einzelakte, die zur Verwirklichung des gesetzten Zieles nötig wären, in eine ähnliche Größenordnung kommt, wie die oben besprochenen Zahl Ω_0.

Das bedeutet aber ganz schlicht, daß ein solches Experiment *unmöglich* ist. Wobei es schon gar keine Rolle mehr spielt, ob jeder der fraglichen Einzelakte eine Stunde oder eine Nanosekunde dauern würde – Multiplikation oder Division von Ω_0 mit 10^{13} übt ja gar keine relativ erwähnenswerte Abänderung aus.

IV

Die neu geschaffene (wenn auch *zunächst* nur für ein *einzelnes* unter den Genen einer bestimmten Bakterienart verwendbare) Technik der Gen-Isolierung wird (ebenso wie viele andere in Zukunft noch zu erreichende Errungenschaften der Genetik) nicht nur unsere *Erkenntnis* erweitern und vertiefen helfen, sondern auch neue Möglichkeiten medizinischer Wirkung erschließen. *Diese* Form positiver, helfender Anwendung neuer genetischer Entdeckungen soll *selbstverständlich* mit den vorangegangenen Erwägungen nicht im geringsten angezweifelt werden: Bestimmt wird die Medizin des nächsten Jahrhunderts für viele Fälle von Erbkrankheiten Rat und Hilfe schaffen können, beispielsweise in der Form, daß einem Menschen, der mit einer bestimmten krankmachenden Erbanlage belastet ist, das Glück verschafft werden kann, trotzdem eine von *diesem* Leiden voll befreite Nachkommenschaft zu haben.

Was ich *verneine* – und was naturwissenschaftliche Ratio *unerbittlich* vereint –, ist die ideologische Hoffnung, durch »Manipulation der Erbmasse« eine Erneuerung, eine umfassende Umgestaltung der Menschheit (oder eine menschlich programmierte »Übermenschheit«) zu »produzieren«. Dem gesunden Menschenverstand werden solche Hoffnungen ohne weiteres als wahnwitzig genug erscheinen, um jedes Wort und jede Überlegung zu ihrer Widerlegung als unnötig erscheinen zu lassen. Aber Kritik und Widerlegung solcher Hoffnungen ist deshalb *nicht* überflüssig, weil sie heute *ernsthaft* vertreten und verkündet werden.*

So hat Jean Rostand schon 1952 den Gedanken erläutert, daß die Wissenschaft, die bereits Tier- und Pflanzenwelt durch neue, künstlich geschaffene Arten »verbessert« habe, auch zur »großartigsten aller Möglichkeiten« vordringen könnte und sollte, den Menschen selber durch den künstlichen geschaffenen Übermenschen zu ersetzen. Während uns die oben berührte Zielvorstel-

---

* Vergl. zum folgenden: Wagner, F.: Die Wissenschaft und die gefährdete Welt. München 1964.

lung für den Endzustand der Menschheit – Machtergreifung rein technisch erzeugter Computer und Roboter – immerhin noch eine »paradiesische« Haustierexistenz für die zur vollen Arbeitsunfähigkeit degenerierte Zukunftsmenschheit versprach, befürwortet ROSTAND die freiwillige Selbstauslöschung der Menschheit zugunsten des aus dem realen Menschen durch genetisch-experimentelle Maßnahmen herausentwickelte Übermenschen, dessen Schaffung – als »letzter Erfolg« der Menschheit – auch ihren »selbstverhängten Tod« bedeuten würde, weil die genetische Herauszüchtung des gewünschten Übermenschen die vollständige Beseitigung der dafür benutzten unmutierten Menschenmasse (der unverbesserten »Biomasse«) erfordert. ROSTAND gibt zu, daß der fatale »Selbsterhaltungsinstinkt« des Menschenwesens diesem wunderbarsten aller Experimente Erschwerungen entgegenstellen werde.

Die Neigung, im Dienste solcher ideologischen Zukunftsphantasien reale wissenschaftliche Entwicklungen *bis ins Unendliche zu extrapolieren,* zeigt sich auch in der von dem Nobelpreisträger STANLEY 1955 beim Lindauer Treffen gemachten Ankündigung: »Die Entwicklung könnte das Keimplasma der Welt in die Hand des Chemikers geben, und damit könnte die Macht vom Atomphysiker auf den Chemiker übergehen.«

Ein anderer Biochemiker (seinen Namen kenne ich nicht) hat in den fünfziger Jahren geschrieben: »Wir werden so vorausplanen können, daß unsere Kinder so ausfallen, wie wir es wünschen – physisch und sogar geistig. Dies wird soweit führen, daß wir unsere eigene Art völlig ummodeln werden: wir können schon in Bakterienzuchten Mutanten erzeugen und werden bald in der Lage sein, diese Vorgänge zu kontrollieren – der Sprung vom Bakterium zur Pflanze, zum Tier und zum Menschen selber ist nicht groß.«

Auch dieser Verfasser hatte noch niemals über die Zahl Ω nachgedacht – er hätte sicherlich bedenkenlos den Satz unterschrieben: »Von der Zahl 3 bis zu $\Omega_0 = 2^{10\,000}$ ist der Sprung nicht groß.« Und außerdem hatte er natürlich noch niemals von dem gehört, was HEISENBERG die »definitive Widerlegung des Kausalitätsprinzips« genannt hat – die Zeitspanne von etwa 30 Jahren war ihm noch nicht groß genug, um ihm ein Nachholen von versäumtem Informationserwerb zu erlauben.

Im Zusammenhang von über alle Grenzen des Rationalen (und jede wissenschaftliche Vertretbarkeit) hinausfliegenden ideologischen Utopien auf genetischer Unterlage haben die 1963 veröffentlichten Vorträge einer Ciba-Foundation-Tagung ein denkwürdiges Mahnmal des Quantensprungs von überragender superspezialistischer Intelligenz zum fast völligen Erlöschen gesunder Ratio aufgerichtet. Das Grundmotiv war eine berechtigte Sorge: Die moderne, durch naturfernes Leben und durch die weitgehende Selektions-Unterbindung (aufgrund moderner Medizin) neuartig strapazierte Menschheit ist der Gefahr ausgesetzt, in ihrer Erbmasse zunehmende Mengen schädlicher, vitalitätsvermindernder Mutationen anzusammeln, was eine düstere Zukunftsprognose begünstigen muß. Neben berechtigter »tiefer Besorgnis« sachkundiger Verfasser steht als Wirk-Unterlage des von der erwähnten Ciba-Konferenz empfohlenen Planes, der eine durch fachliche Einzelheiten unterbaute Wiederholung der von ROSTAND geforderten Selbstauslöschung der Menschheit zugunsten von »Besserem« ist, eine vom sonst gern gepriesenen »Humanismus« etwas abweichende Gesinnung: Sie findet ihren Ausdruck in der Bezeichnung der Menschheit als »Biomasse«; oder in Aussprüchen wie: »Biologisch kann man beweisen, daß es in diesem Lande (England) allein rund eine Million Tonnen überflüssiger Männer gibt.« Oder auch: »In weiten Gebieten der Welt wurde der Mensch zum Krankheitskeim, zur Krankheit der Natur, und es ist sehr wahrscheinlich, ... daß ›mit dem Träger auch der Krankheitskeim stirbt‹.«

Der von H. J. MULLER – einem berühmten, überragenden Spezialisten genetischer Forschung – selbst entwickelte Plan sieht so aus, daß menschliche Fortpflanzung nur noch durch künstliche Befruchtung der Frauen mit Samenzellen genetisch wertvoller »Spender« erfolgen soll, die in tiefgekühlten Spermabanken gesammelt werden – später durch Ovarien-Bänke zu ergänzen –, so daß wie in »Brave New World« die natürliche Mutterschaft völlig entbehrt werden kann, da natürlich auch die Retorten-Produktion von Embryonen erstrebenswert ist. Er erwartet – *hierin* noch bei wissenschaftlich *denkmöglichen* Modellen bleibend – von diesen Maßnahmen immerhin nur die staatliche Organisierung einer wissenschaftlich genau kontrollierten Selektion der zur Paarung zugelassenen Keimzellen, lehnt hingegen die in obiger Betrachtung besprochenen Phantasien betreffs »Manipulation« der Erbanlagen ab. Sie erscheinen ihm vorläufig undurchführbar – was immerhin eine *Approximation* an unsere These ihrer *grundsätzlichen* Undurchführbarkeit bedeutet. Auch die im Obigen besprochene mutationserzeugende Manipulierung der »zugelassenen« Keimzellen wird von MULLER noch nicht erwogen, vielleicht deshalb, weil er ihre oben erläuterte, von »radikaleren« genetischen Utopisten übersehene Unmöglichkeit erkannt hat.

J. LEDERBERGS Beitrag urteilt hier anders. Was er über den nunmehr »definierbar gewordenen« Menschen behauptet, und über die fast schon erreichte Möglichkeit, die Embryonen-Entwicklung in der Retorte »ingenieurmäßig« zu organisieren, entfernt sich so himmelweit von allen *realen* Tatsachen heutiger Wissenschaft, daß es mir einer ernsthaften Kritik nicht würdig erscheint. Es gibt aber ernsten Anlaß, auf das ethische Gewicht der wissenschaftlichen Wahrheitspflicht hinzuweisen.

Den altmodischen Bedenken »humanitär« Eingestellter, denen die Empfehlung einer experimentellen Gesamtvernichtung der Menschheit nicht unmittelbar begeisternd erscheint, ist in dem Gedankenkreise, aus dem hier einige Proben vorgestellt wurden, immer wieder die rhetorische Frage entgegengehalten worden, *»wozu denn der Mensch da sei«*. Man kann diese Verneinung einer Erhaltungswürdigkeit des Menschen aber noch etwas radikalisieren durch die weitere Frage, *warum* wir uns eigentlich die Mühe machen sollten (obwohl MARCUSE uns doch das Arbeiten verbietet), die empfohlene Beseitigung der »Fehlkonstruktion

Mensch« durch Züchtung oder Konstruktion von Übermenschen zu kompensieren? Wenn sich die Menschheit durch einige Genetiker tatsächlich zum »selbstverhängten Tod« bewegen lassen sollte – warum dann den Vollzug erschweren durch Inangriffnahme einer so mühsamen (überdies auch noch unlösbaren) Aufgabe? Man könnte fragen, »*wozu* denn der Übermensch produziert werden solle«? Deshalb führt die wirklich *radikale* (also »wurzelhafte«) Steigerung der Parolen der Genetik-Manipulierungsideologen zur Verkürzung ihrer Empfehlungen auf diejenige der bloßen Beseitigung des Menschen, ohne komplizierende Hinzufügung.

V

Man kann – und das ist in dem zitierten Buch von WAGNER mit eindringlicher Logik ausgeführt worden – die Frage stellen, *wer* denn *entscheiden* soll, welchen Gen-Satz der herzustellende Übermensch haben solle. Natürlich müßte man als *Voraussetzung* schon einer *Stellungnahme* zur Frage der *wünschenswerten* Genstrukturen eine *vollständige* Kenntnis der phänotypischen Auswirkungen *aller* (*weit* über die Anzahl Ω_0 hinausgehenden) Mutations-Kombinationen haben – aber diese Voraussetzung ist ja leicht erfüllbar, wenn man in der zum Beispiel von LEDERBERG gepflegten vereinfachenden Gleichsetzung von Ω_0 mit 3 eine übergöttliche Allwissenheit der Genetiker für selbstverständlich hält. Nehmen wir also – zum Zweck des Durchdenkens – diese Voraussetzung als wirklich gegeben an. Erst dann tritt die *eigentliche* Frage scharf hervor: Wer urteilt darüber, welche phänotypischen Eigenschaften der herzustellende »Bessere« haben soll, der an die Stelle des »fehlkonstruierten« Menschen zu treten hätte? WAGNER hat über *diese* Seite des Problems vortreffliche Ausführungen gemacht.

Ich möchte diesen seinerseitigen Ausführungen hier nichts hinzufügen; sondern ich möchte die meinerseitige Aufgabe nur in dem schlichten Hinweis sehen, daß alle diese beglückenden (wenn auch menschheits-ausrottenden) Pläne in unaufhebbarem Widerspruch zur modernen naturwissenschaftlichen Erkenntnis stehen (zu welcher neben Genetik *auch* einige andere Wissenschaftszweige gehören).

Wenn zum Beispiel von Forschern gesprochen wird, »die, angeekelt von der Begrenztheit und von dem Flickwerk aller Naturorganismen, deutlich sagen, daß ganz und gar künstliche Apparate gebaut werden könnten und sollten, um die Menschheit damit zu verdrängen«, so ist es schiere Unwissenheit, die große Erkenntnis STAUDINGERS, die wir ausführlich besprochen haben, *einfach nicht zu kennen,* und deshalb nicht zu wissen, daß jene – die Natur mit Ekel statt mit Ehrfurcht betrachtenden – Forscher, die den Menschen durch ganz und gar künstliche Apparate verdrängen möchten, hiermit etwas beabsichtigen, was ebenso unmöglich wäre, wie die Schaffung des *perpetuum mobile.*

Schlichte Unmöglichkeit liegt aber auch in den theoretisch gedachten *menschlichen* Voraussetzungen der uns empfohlenen Pläne. Da der »lästige Selbsterhaltungsinstinkt« des Menschen als unerwünschte Störung der geplanten Experimente klar erkannt worden ist, hat man im Ciba-Kreise auch konkrete Überlegungen zur Beseitigung solcher Hindernisse angestellt. Es wäre zum Beispiel denkbar, daß die Frauen aller Völker versuchen würden, zu *revoltieren* gegen das Verbot jeglicher Mutterschaft. Es ist angeraten worden, Störungen zu unterbinden durch den staatlich geregelten Zusatz geeigneter Medikamente zu bestimmten unentbehrlichen Lebensmitteln.

Während also der geistige Inhalt der Manipulierungs-Ideologie MARX, LENIN und MAO als ideologische Waisenknaben erscheinen läßt, wird für die *Verwirklichung* dieser Ideologie ein politisches System gefordert, das die Systeme HITLERS und STALINS als harmlose Kinderspiele erscheinen ließe. Ich will nicht etwa emotionale Energie daran verschwenden, über diesen Vorschlag *empört* zu sein. Sondern ich will sagen, daß der gesunde Menschenverstand *auch dies* als *unmöglich* beurteilen muß.

Superverbrecher wie HITLER oder STALIN müssen, um es zu werden, bestimmte sachliche *Fähigkeiten* haben. Zum Beispiel bei

Stalin lagen solche wirklich vor: Daß Jahrzehntelang die ganze riesige Sowjetunion vor diesem *einen* Manne zitterte; daß er in lang ausgedehnter Alleinherrschaft zehntausende von Parteimitgliedern, einschließlich einer großen Mehrheit seiner engsten (und mächtigsten) Mitarbeiter zum Tode bringen konnte, ehe schließlich ihn selber das Geschick ereilte, war eine Leistung, die wohl in aller Menschheitsgeschichte einmalig gewesen ist. Aber zur Verwirklichung der Ciba-Pläne wäre ein Diktator erforderlich, der mindestens die 10^5-fache Leistungsfähigkeit Stalins hätte. Solche Menschen gibt es nicht. Vielleicht könnte *nach* der manipulierenden Verwirklichung des Übermenschen ihr Zustandekommen erhofft werden; aber mindestens einige davon würden schon *für* diese Verwirklichung benötigt – wenn diese nicht (Gott sei Dank) schon aus anderen Gründen unmöglich wäre.

Wir hatten in Kapitel 5 aus empirischen Tatsachen die Folgerung gezogen, daß die Menschheit nicht imstande ist, zu leben *ohne Religion oder Ideologie*. Ihre Lebensfähigkeit *mit* Religion ist geschichtlich erwiesen. Ihre Umstellung auf Ideologie jedoch führt, wenn die Ideologie über Marx, Lenin, Mao hinaus logisch zuende gedacht wird, zwangsläufig zur Selbstvernichtung des Menschen als apokalyptischem Schluß der Geschichte.

Register

Archimedes 51, 190
Aristarch 190
Aristoteles 137–139, 146
Arrhenius 113
Artin, Emil 161

Baur, Franz 115
Bender, Hans 160
Benz, Ernst Wilhelm 90, 97, 98, 100, 101, 102, 103, 125, 126, 158
Blumenberg, Hans 138
Boehme, Jakob 101
Bohr, Niels 177, 199, 207
Boltzmann, Ludwig 130, 131
Bondi, Hermann 131
Born, Max 57, 90, 192, 198, 199
Brahe, Tycho 13
v. Braun, Wernher 25
Bruno, Giordano 14, 77, 131
Bultmann, Rudolf K. 147, 157, 158, 201

Cäsar, Julius 22, 142
Carrel, Alexis 156
Champagnat 42
Clausius, Rudolf 129
Comte, Auguste 185, 187, 188, 190
Connel, F. J. 104
Crick, Francis Harry 70, 121, 207, 208

Danzel, Theodor Wilhelm 165, 188, 189
Darwin, Charles Robert 37, 93
Demokrit 64, 65, 169–172, 174, 177, 178
Descartes, René 60
Dessauer, Friedrich 11, 12, 13, 14, 18
Deussen, Paul 140
Dirac, Paul Adrien Maurice 133, 199
Dobzhansky, Theodosius 91, 124
Driesch, Hans 60, 61, 62, 67

Edison, Thomas Alva 30
Einstein, Albert 16, 23, 64, 65, 70, 102, 128, 144, 160–162, 169, 172, 173, 186, 197, 198, 200
Elsasser, Walter Max 89, 90, 94
Engels, Friedrich 146
Eratosthenes 190
Erben, Heinrich Karl 118
Essen, Wolfgang 18
Euklid 139, 190

Faraday, Michael 27
Fichte, Johann Gottlieb 198
Fontenelle, Bernhard 97
Fourier, Joseph 65
Freksa, Friedrich 207, 208
Freud, Sigmund 164
Frey-Wyssling, Albert Friedrich 69

Galilei, Galileo 12, 13, 70, 100, 102, 103, 137, 138

Galvani, Luigi 29
Gauß, Carl Friedrich 28
Gemelli, Agostino 103
Goethe, Johann Wolfgang von 73, 139, 198
Günther, Albrecht Erich 165, 167, 189

Haeckel, Ernst 14, 102, 120, 121, 123, 200, 201
Halley, Edmond 100
Heisenberg, Werner 66, 80, 141, 148, 162, 186, 199, 200, 215
Herder, Johann Gottfried 198
Herschel, Friedrich Wilhelm 97
Hertz, Heinrich 27
Hiero 51
Hitler, Adolf 218
Hogarth, T. E. 131
Homer 159
Hoyle, Fred 116
Hubble, Edwin Powell 131, 132
Huygens, Christiaan 97

Jacobi, Friedrich Heinrich 198
Joule, James Prescott 129
Jung, Carl Gustav 160, 161

Kant, Immanuel 97–100, 139, 141
Kepler, Johannes 13, 97, 100, 197
Keßler, Harry, Graf 197
Kirchhoff, Gustav Robert 162, 170
Kolumbus, Christoph 22, 174
Kopernikus, Nikolaus 12, 13, 100 bis 103, 125
Külpe, Oswald 162, 163
Künneth, Walter 158

Lamettrie, Julien Offray de 14, 60, 63, 102, 200, 206
Lange, Friedrich Albert 172
Lederberg, J. 216, 217
Leibniz, Gottfried Wilhelm 27, 33, 57, 72, 73, 197
Lenin, Wladimir Iljitsch 146, 218, 219
Lessing, Gotthold Ephraim 198

Mach, Ernst 162, 169, 171, 172, 177
v. Mangoldt, Ursula 161
Mao Tse-tung 218, 219
Marcuse 204, 216
Marx, Karl 146, 218, 219
Maxwell, James Clerk 27, 169, 186
Mendel, Gregor Johann 23, 121, 206
Mensching, Gustav 142
Michelangelo Buonarotti 126
Moser, Fanny 161
Müller, G. 90
Muller, Hermann Joseph 211, 215, 216

Narlikar, T. V. 131
v. Neumann, Johann 61, 62, 63, 80
Newton, Isaac 64, 99, 100
Noort, G. van 103

Oberth, Hermann 39
Olbers, Wilhelm 131
Ørsted, Hans Christian 28
Otto, Rudolf 142

Pauli, Wolfgang 80, 161, 164, 199
Planck, Max 15, 22, 23, 28, 65, 66, 198
Plinius d. Ä., Gaius P. Secundus 138
Raffalt, Reinhard 126
Rhine, Joseph Banks 160
Ritz, Walther 128
Rosenblueth 53
Rostand, Jean 213, 214, 215
Rutherford, Ernest 207

Schamoni, Wilhelm 104, 127
v. Schelling, Friedrich Wilhelm Joseph 198
Schiller, Friedrich 139
Schindewolf, Otto 118
Schleiermacher, Friedrich Ernst Daniel 198
Schliemann, Heinrich 159
Schrenck-Notzing, Albert, Freiherr von 160
Schütz, Paul 127
Shannon, C. E. 55, 56
v. Siemens, Werner 27, 30
Snell, Bruno 189
Spengler, Oswald 144
Spinoza, Baruch de 102, 197, 198
Stalin, Jossif Wissarionowitsch 218, 219
Stanley, Wendell Meredith 214
Staudinger, Hermann 67, 68, 69, 71, 74, 89, 93, 94, 122, 205, 218
Swedenborg, Emanuel 97

Timoféeff-Ressovsky, Nikolai Wladimirowitsch 207

Voltaire, François-Marie 14

Wagner, Friedrich 213, 217
Watson, J. D. 70, 121, 207, 208
Watt, James 30, 53, 54
Weber, Wilhelm Eduard 28
Wheeler, John Archibald 131
Wiener, Norbert 51, 52, 55
Wilhelm I, Kaiser 21

Zeller, W. 90
Zimmer, Karl G. 207
Zöllner 131
Zwicky, Fritz 118, 119